EXTRAIT DES **ANNALES DES SCIENCES NATURELLES**,
4e SÉRIE, TOME XV, CAHIER N° 2.

RECHERCHES EXPÉRIMENTALES

SUR LES RAPPORTS

DES PLANTES AVEC LA ROSÉE ET LES BROUILLARDS,

Par M. P. DUCHARTRE,
de l'Institut.

La condensation de l'humidité atmosphérique sous la forme de rosée ou de brouillards a pour la végétation une importance qui sans doute peut varier selon les climats et les saisons, mais qui reste toujours considérable et qui paraît même devenir majeure dans un assez grand nombre de cas. Toutefois l'importance est loin d'être la même pour l'un et l'autre de ces météores, et sous ce rapport la rosée, à laquelle sera consacrée la plus grande partie de ce travail, occupe incontestablement le premier rang; aussi commencerai-je par exposer les considérations auxquelles elle donne lieu, et les expériences dont elle m'a fourni le sujet. Je n'examinerai qu'en second lieu et beaucoup plus succinctement la question des brouillards considérés au point de vue de leur influence sur les végétaux vivants. Ce mémoire sera ainsi divisé en deux parties fort inégales d'étendue et consacrées, l'une aux recherches expérimentales sur la rosée, l'autre à celles qui ont eu pour objet les brouillards.

PREMIÈRE PARTIE.

DE LA ROSÉE.

La condensation de l'humidité atmosphérique sur les corps refroidis par le rayonnement nocturne, c'est-à-dire la rosée est un phénomène aussi intéressant à étudier au point de vue physique qu'à celui de l'utilité que l'eau ainsi produite peut avoir pour la végétation. Elle a frappé de tout temps l'esprit des hommes même le moins observateurs, et tous, d'un commun accord, l'ont regardée comme destinée à fournir aux plantes les moyens de réparer les pertes que la transpiration leur cause pendant le jour.

La formation de la rosée paraît avoir lieu sur presque tous les points du globe, et l'on ne cite qu'un petit nombre de pays tels, entre autres, que le Zanzibar, dans lesquels, selon certains voyageurs, on ne puisse l'observer. En général médiocrement abondante, à moins de circonstances exceptionnelles, dans les parties basses de nos contrées tempérées, elle le devient beaucoup plus à mesure qu'on s'approche de l'équateur ou qu'on s'élève sur les montagnes. Volney, M. Boussingault et, comme eux, à peu près tous ceux qui ont exploré des pays chauds, ont été frappés de l'intensité avec laquelle s'opère cette condensation de vapeur dans les régions intertropicales et subtropicales. « Dans les pays très chauds, dit M. Boussingault (1), la rosée apparaît avec assez d'abondance pour favoriser la végétation en suppléant à la pluie, pendant une grande partie de l'année.....Il est rare (2) de bivouaquer dans une clairière, lorsque la nuit est favorable à la radiation, sans entendre l'eau dégoutter continuellement des arbres environnants. Je puis citer, entre bon nombre d'observations de ce genre, celle que je fis dans une forêt du Cauca. Au *Contadero de las coles*, où je bivouaquai, la nuit était magnifique, et cependant dans la forêt, dont les premiers arbres se trouvaient à quelques mètres, il pleuvait abondamment ; la lumière de la lune permettait de voir l'eau ruisseler de leurs branches supérieures. »

Quoique moins connu, le fait est absolument analogue sur les montagnes, même dans les parties moyennes de l'Europe. Hales (3) avait déjà dit que les rosées sont plus abondantes sur les montagnes que dans les pays de plaines ; mais Otto Sendtner a fait à ce sujet

(1) *Économie rurale*, 2e édition. t. II, p. 717.

(2) *Ibid.*, p. 718.

(3) *Statique des végétaux*. p. 49 de la traduction de Buffon, in-4, 1735.

des observations plus précises. « Tous ceux qui gravissent les montagnes, dit le savant botaniste bavarois (1), peuvent se convaincre de cette circonstance que la rosée en mouille constamment les parties élevées. Il n'est pas rare, en été, sur des sommités qui dépassent 6000 pieds (2000 mètres), de trouver le gazon mouillé de rosée à midi, malgré le soleil. Le sol formé de terre perméable en est aussi continuellement humide. Même après une longue suite de jours sans pluie on voit le tapis de mousse qui couvre les rochers en leur formant un revêtement qui atteint souvent un pied d'épaisseur, imprégné d'eau comme une éponge, laissant même dégoutter l'eau continuellement dans les endroits ombragés. » Sendtner dit encore (2) : « Cette condensation d'humidité en rosée sur les Alpes en été acquiert une inportance supérieure à celle de la pluie, et se distingue particulièrement par sa régularité. Mes observations m'ont appris que cette circonstance est des plus essentielles pour la diffusion des plantes ; j'ai reconnu, en effet, qu'elle constitue l'influence principale qui détermine la limite inférieure de la majorité des plantes alpines et notamment des Mousses. »

La haute importance de la rosée pour la végétation étant incontestable, il est essentiel de reconnaître comment les plantes qu'elle couvre se comportent relativement à l'eau qui la constitue. Or, on peut concevoir que ce liquide devienne utile aux végétaux de deux manières différentes : soit par une absorption locale, s'opérant sur les surfaces mêmes qu'il revêt, soit par l'intermédiaire du sol. Jusqu'à ce jour, tout le monde sans exception a pensé que les feuilles mouillées par la rosée l'absorbaient et que dès lors l'eau ainsi absorbée venait s'ajouter à la masse des liquides nourriciers contenus dans la plante. Cependant, quelque vraisemblable qu'elle semble au premier abord, cette opinion universelle est admise putôtd'instinct que par suite d'observations démonstratives.

En essayant de la soumettre moi-même, il y a quelques années, à l'épreuve de l'expérience, j'avais moins en vue de reconnaître si elle était fondée, ce dont j'étais alors convaincu, comme tout le

(1) *Die Vegetations-Verhältnisse Südbayerns*, p. 83.
(2) *Ibid.*, p. 283.

monde, que de déterminer dans quelles limites pouvait s'exercer la faculté d'absorption qu'on lui donne pour base. Une fois entré dans cette voie inexplorée, j'ai recueilli des observations entièrement contraires aux idées qui avaient été mon point de départ; bientôt, cédant à l'évidence des faits, j'ai dû conclure de tout ce qui s'offrait à mes regards que cette absorption n'a pas lieu et que l'eau déposée sur les feuilles pendant la nuit ne pénètre pas dans leur tissu. Doutant encore néanmoins de ce que l'expérience me montrait comme incontestable, j'ai varié les observations et les méthodes sans parvenir, pendant cinq années de recherches assidues, à recueillir un seul fait dont le désaccord avec les autres autorisât la moindre hésitation. J'ai été conduit ainsi à une conviction profonde et d'autant moins suspecte qu'elle a succédé à une opinion préconçue diamétralement opposée. C'est cette conviction que je vais essayer de faire passer dans l'esprit des lecteurs de ce mémoire, en leur présentant l'exposé des faits et considérations sur lesquels elle est basée.

CHAPITRE I.

Observations antérieures.

Je ne connais pas d'expériences suivies faites spécialement en vue de reconnaître si les feuilles des plantes vivantes absorbent la rosée qui se forme à leur surface; tout ce que j'ai vu de précis à ce sujet dans les écrits des physiologistes se réduit à deux passages, donnés incidemment par Hales dans sa *Statique des végétaux*, au milieu du récit de ses observations sur la transpiration des plantes. Dans l'exposé de sa première expérience, qui avait pour sujet le Soleil des jardins (*Helianthus annuus* L.), le célèbre physiologiste anglais dit (p. 4) : « Aussitôt qu'il y avait un tant soit peu de rosée, il ne se faisait plus de transpiration ; et lorsque la rosée était abondante, ou que pendant la nuit il tombait un peu de pluie, le pot et la plante augmentaient de deux ou trois onces. » Plus loin (*ibid.*, p. 17), au milieu des détails de sa cinquième expérience, qui avait pour sujet un Citronnier fort vigoureux, se trouve le passage suivant : « Pendant la nuit, il transpirait quelquefois d'une demi-once ; quelquefois il ne transpirait pas du tout, et d'autres fois il augmentait d'une ou deux onces, savoir : lorsqu'il y avait eu pluie ou rosée abondante. »

Il semble résulter de ces deux passages que Hales croyait à l'absorption de la rosée par les plantes. C'est en effet ce que montre un passage très précis, dans lequel il exprime son opinion à ce sujet : « Le grand bien, dit-il (*l. c.* p. 56), que fait la rosée dans les temps chauds, vient de ce qu'elle est sucée par les feuilles et les autres parties hors de terre des végétaux, car cela les rafraîchit dans l'instant, et cette rosée leur fournit même assez d'humidité pour suppléer à la grande dissipation qui s'en fait les jours suivants. » Malheureusement les appareils que ce célèbre observateur employait étaient assez imparfaits pour offrir des causes puissantes d'inexactitude, et par suite pour autoriser à peine des conclusions simplement approximatives. Voici en effet la description qu'il en donne (*l. c.*, p. 3) : « Je pris un pot de jardin, dans lequel était un Soleil de 3 pieds 1/2 de hauteur, que j'avais planté exprès dans ce pot lorsqu'il était jeune.....Je couvris le pot avec une platine mince de plomb laminé, et je cimentai bien toutes les jointures, en sorte qu'aucune vapeur ne pouvait s'échapper ; mais l'air, par le moyen d'un tube de verre fort étroit, qui avait 9 pouces de longueur et qui était fixé près de la tige de la plante, communiquait librement de dedans en dehors sous la platine de plomb. Je cimentai aussi sur la platine un autre tuyau de verre de 2 pouces de longueur et de 1 pouce de diamètre ; par ce tuyau j'arrosais la plante, et ensuite j'en fermais l'ouverture avec un bouchon de liége ; je bouchai de même les trous au bas du pot. »

Deux causes devaient, ce me semble, enlever toute exactitude aux expériences faites au moyen d'un semblable appareil. En premier lieu, le pot exposé à l'air était un simple pot de jardin, en terre cuite poreuse, non vernissée, qui devait s'imbiber d'eau ou sécher, selon les circonstances, et cela dans des proportions assez fortes pour altérer considérablement le résultat réel. En effet, d'après la figure qui le représente, c'était un grand vase qui offrait une large surface et qui pouvait dès lors se charger d'une forte quantité d'humidité condensée par suite du refroidissement subi par lui pendant la nuit. C'était là une puissante cause d'erreur. En second lieu, on vient de voir qu'il existait une communication libre entre la terre qui remplissait le pot et l'atmosphère par l'intermédiaire d'un tube de verre toujours ouvert. Quoique plus faible que la première, cette seconde cause d'erreur devait influer encore sensiblement sur les résultats; car on sait combien la terre peut absorber d'humidité pendant la nuit dans l'air avec lequel elle est en contact, et, s'il en était besoin, une expérience du même physiologiste (1) fournirait à ce sujet des données précises. J'ajouterai que l'un des deux sujets, l'*Helianthus annuus* ou Grand Soleil des jardins, bien choisi peut-être pour des expériences sur la transpiration, devenait extrêmement désavantageux pour des recherches sur la rosée. Le motif en est que ses énormes capitules s'imbibent d'eau comme une éponge, et retiennent ensuite ce liquide pendant longtemps de manière à devoir indiquer ainsi une augmentation de poids tout à fait indépendante de la plante elle-même. Or, Hales pesait ses plantes le matin, c'est-à-dire lorsque les trois capitules que portait son *Helianthus* étaient chargés de cette humidité additionnelle retenue par eux mécaniquement. Enfin je ferai observer que le célèbre savant anglais ne dit nulle part dans quel état il pesait ses plantes, ni s'il avait eu le soin de les essuyer exactement feuille par feuille avant de les mettre sur la balance. Son silence sur un point si important autoriserait peut-être à penser qu'il n'enlevait pas l'eau déposée par la rosée; car il est difficile de croire que lui, qui mentionne avec une minutieuse exactitude tous les détails de ses expériences, n'eût rien dit de l'extrême difficulté qu'il aurait éprouvée pour sécher en les essuyant, soit les feuilles hérissées de poils roides, soit les involucres imbriqués de son *Helianthus*.

Pour ces différents motifs, il est prudent, à mon avis, de ne tenir aucun compte des deux assertions incidentes de Hales dont je viens de discuter la valeur.

(1) *Statique des végétaux*, p. 46.

CHAPITRE II.

Appareils dont j'ai fait usage.

Voulant entreprendre une série d'observations en vue de reconnaître comment les organes aériens des végétaux se comportent relativement à la rosée qui les couvre, j'ai dû m'occuper avant tout de la construction d'appareils et de la recherche de méthodes qui n'offrissent à mes yeux aucune chance d'erreur.

Le point le plus important pour ces recherches consistait à renfermer hermétiquement le pot dans lequel végétait chacune des plantes à mettre en expérience, de telle sorte que ce pot et la terre dont il était rempli ne pussent rien prendre dans l'air, ni rien perdre qui vînt altérer la précision des résultats obtenus. Il fallait, en second lieu, que les plantes dont le pot devait être enfermé de cette manière ne souffrissent nullement de la disposition qu'on leur donnait. Enfin il était essentiel que l'appareil tout entier, une fois monté, fût à la fois portatif, solide, et ne présentât sur toute sa surface aucune portion qui pût s'imbiber d'eau ni en retenir mécaniquement une quantité appréciable. Je crois être parvenu à réunir ces diverses conditions de la manière suivante :

Je me sers de bocaux cylindriques en verre blanc, à fond plat, hauts et larges de 0m,15 ou 0m,16 en moyenne, dont le bord est renforcé d'un épais bourrelet périphérique. En rodant les bords de ces vases, j'y forme un anneau plan, large de 3 ou 4 millimètres. C'est dans un de ces bocaux que j'enferme le pot de ma plante. Pour donner à celui-ci plus de stabilité, comme aussi pour que les racines ne plongent pas continuellement dans l'eau qui s'amasse au fond du bocal, soit qu'elle provienne des arrosements, soit qu'elle résulte de l'évaporation suivie de condensation de l'humidité de la terre, je le fais reposer sur un triangle formé de trois petites tringles de bois hautes de 15 à 20 millimètres. Pour fermer ce bocal récepteur, j'emploie deux demi-cercles en verre double, taillés exactement selon la circonférence extérieure du bocal, et évidés chacun, à son centre, d'une grande échancrure demi-circulaire. Ces deux plaques de verre viennent s'enchâsser profondément, par leur échancrure centrale, dans un gros bouchon placé dans l'axe de l'appareil, qui forme la partie la plus essentielle de toute cette construction. Le diamètre de ce bouchon est de 5 ou 6 centimètres, et son épaisseur de 4 ou 5 centimètres. A 1 centimètre environ de sa base, j'y creuse tout autour une gouttière à section carrée, haute et profonde d'environ 1 centimètre; après quoi, je le partage en deux moitiés par un trait de scie longitudinal. Dans la longueur et au milieu de chacune des deux faces planes formées par le trait de scie, je creuse dans l'axe une gouttière longitudinale demi-cylindrique; ces deux gouttières en se réunissant, lorsqu'on met en contact les deux moitiés du bouchon, forment dans la masse de celui-ci un tube central qui doit recevoir la tige de la plante. J'ai soin de faire ce tube assez large pour que la tige s'y loge sans difficulté et sans pression, le vide qui reste autour d'elle pouvant être ensuite comblé exactement. Je perce aussi dans chaque moitié de ce bouchon un trou cylindrique qui le traverse de haut en bas, et dans lequel je fais entrer à frottement un petit tube de verre droit ou, pour plus de commodité, légèrement coudé dans sa portion extérieure.

Tout étant ainsi préparé, voici comment je monte l'appareil : Le pot qui renferme les racines de la plante est placé dans le bocal, qui doit en dépasser le bord de 3 ou 4 centimètres. Je fais entrer le bas de la tige dans la gouttière centrale du bouchon, et je réunis avec soin les deux moitiés de celui-ci, en en couvrant les deux faces assez raboteuses qu'a séparées la scie avec un mastic en bouillie de gomme-laque dissoute dans l'alcool. Ce mastic est le seul que j'emploie pour toutes les parties de l'appareil. Je donne une grande solidité à la jonction des deux moitiés du bouchon, en les serrant fortement l'une contre l'autre avec une bonne ficelle faisant plusieurs tours et nouée, que je dispose dans le fond de la rainure circulaire. J'engage alors dans cette même rainure l'échancrure centrale des deux demi-cercles de verre qui doit en atteindre le fond, c'est-à-dire qui doit s'y enfoncer d'environ 1 centimètre. Les choses étant ainsi disposées, je ramollis le plus possible, à une chaleur très douce, et en la pétrissant entre mes doigts, de la cire jaune dont je remplis la rainure du bouchon, en l'y pressant fortement avec le bout d'un couteau. J'obtiens ainsi le double résultat de combler entièrement ce vide, et d'exercer sur les deux plaques de verre une pression assez forte pour les maintenir dans la position qu'elles doivent garder. Je pose ensuite sur ces deux plaques plusieurs poids assez forts pour les appliquer exactement sur le bord rodé du bocal, avec lequel je les colle au moyen d'un lut demi-liquide de gomme-laque dissoute dans l'alcool, que la capillarité fait pénétrer entre les deux, et dont j'applique successivement plusieurs couches. Je colle de même l'un contre l'autre les bords diamétraux de ces deux plaques de verre. Pour remplir le vide qui reste autour de la tige, au centre du bouchon, j'y introduis de force et par petits fragments de la cire jaune ramollie ; je ferme les deux petits tubes de verre au moyen de deux bouchons qui s'y enfoncent profondément ; enfin je vernis fortement, à la gomme-laque, le bouchon tout entier et ses jointures avec le verre.

L'appareil serait complet dans cet état, mais l'expérience m'a fait reconnaître en peu de temps qu'il n'aurait pas une solidité suffisante pour résister à des transports fréquents, ni aux frottements énergiques et souvent répétés qu'il faudra lui faire subir pour en enlever l'eau qui viendra le mouiller à chaque expérience. Je parviens à lui donner toute la solidité nécessaire en collant, à la gomme-laque, sur les jointures des demi-cercles, soit entre eux, soit avec le bocal, une assez large bande d'étain laminé en feuille dont l'épaisseur égale celle d'un bon papier à dessin. Il ne me reste plus qu'à vernir cet étain lui-même à la gomme-laque.

Ainsi construit, l'appareil a une extrême solidité. Sa surface entière ne présente que du verre ou de la gomme-laque ; par conséquent elle ne s'imbibe pas de l'eau qui la mouille, et elle peut être essuyée aussi fortement et aussi souvent qu'il est nécessaire de le faire. Les plantes dont le pot est ainsi enfermé ne souffrent pas le moins du monde ; j'en ai conservé, pendant une année entière, qui étaient en aussi bon état après ce temps qu'au moment même où je les avais munies de cet appareil. Enfin celui-ci est hermétiquement fermé, comme on peut s'en convaincre de la manière suivante. Les deux petits tubes qui traversent verticalement le bouchon central sont l'un le tube d'arrosement, l'autre celui d'aérage. Or, si ce dernier reste fermé pendant qu'on essaye d'arroser en introduisant de l'eau par le premier, au moyen d'un entonnoir soufflé, à tube cependant étroit, on voit le liquide s'arrêter, retenu qu'il est par l'air enfermé dans l'appareil, lequel, ne pouvant s'échapper par aucune fissure, lui oppose une résistance insurmontable. L'eau entre, au contraire, sans la moindre difficulté, dès qu'on ménage une sortie à l'air en enlevant le bouchon du deuxième tube.

Aucun physicien ne contestera, j'ose le croire, que cette observation fort simple ne démontre la parfaite occlusion de cet appareil; toutefois j'ai pensé qu'une preuve directe parlerait encore plus clairement à l'esprit de certaines personnes, et, pour l'obtenir, j'ai procédé de la manière suivante. Après qu'une plante, dont le pot avait été enfermé de la manière que je viens de décrire, m'a eu servi de sujet pendant plusieurs mois, j'en ai coupé la tige un peu plus bas que le niveau du bouchon de l'appareil; j'ai fermé ensuite le petit enfoncement ainsi produit avec de la cire. L'appareil renfermait alors un pot rempli de terre humide, et une couche d'eau de plus d'un centimètre d'épaisseur amassée à son fond. Pour peu que l'enveloppe ne fût pas hermétiquement fermée de tous les côtés, la terre devait sécher quelque peu; l'eau qui occupait le fond du bocal devait s'évaporer, et, par une conséquence nécessaire, l'appareil devait diminuer de poids. Or, pesé avec soin au commencement de l'observation, il a accusé un poids de 1977gr,75, que j'ai retrouvé sans la moindre altération au bout de deux, quatre, sept et même onze jours. L'observation directe montre dès lors que la fermeture de cet appareil est réellement hermétique.

J'ai à peine besoin de faire ressortir les nombreux avantages qu'amène l'emploi de cet appareil. Le plus important de tous est que les plantes qui en sont munies n'ont à l'air que leur tige feuillée; que la masse de terre dans laquelle plongent leurs racines, ainsi que le pot qui renferme cette terre, sont isolés, et contenus dans un récipient de verre exactement fermé; que, dès lors, on n'a pas à s'occuper des changements de poids subis par ceux-ci quand leur humidité s'évapore, car cette humidité ne les quitte que pour rester renfermée dans l'intérieur de l'appareil, dont le poids total reste ainsi invariable dans le cours de chaque observation.

Pour compléter la description des appareils dont j'ai fait usage, je dois dire que je me suis servi successivement de deux balances construites spécialement en vue des expériences que je me proposais de faire. La première me permettait d'évaluer le poids de mes plantes à 1/5 de gramme près; la seconde, que j'ai employée pendant les trois dernières années, est munie d'une suspension de Cardan; elle peut recevoir sur un de ses plateaux une plante haute de 55 à 60 centimètres, et elle en donne le poids à 1/20 de gramme près, sous une charge de 3 et même de 4 kilogrammes.

J'ajouterai que mes expériences ont toutes été faites de 1856 à 1860 inclusivement, à Meudon (Seine-et-Oise), dans deux grands jardins, au milieu desquels les sujets de mes observations *voyaient* une grande étendue de ciel.

CHAPITRE III.

Méthode que j'ai suivie dans mes expériences.

Si une plante, munie de l'appareil que je viens de décrire, est placée à l'air libre pendant la nuit, et que, se couvrant de rosée pendant ce temps, elle en absorbe une proportion quelconque, ce liquide additionnel joindra son poids à celui que cette plante avait d'abord elle-même; il rendra donc le poids de cette plante plus considérable, à moins toutefois que celle-ci, pendant qu'elle gagnait ainsi d'une part, n'ait subi d'une autre part une déperdition due à une cause quelconque. Dès lors deux pesées faites, l'une au commencement, l'autre à la fin de la nuit, avec les précautions que j'indiquerai plus loin, montreront s'il y a eu augmentation de poids, par conséquent s'il s'est opéré une absorption de rosée, mais sous la réserve que le sujet de l'observation n'ait pas éprouvé de perte d'un autre côté. Il est évident, en effet, que si la plante avait diminué de poids par une cause quelconque, cette diminution masquerait l'absorption d'eau qui se serait opérée en même temps chez elle. Il est également évident que tout phénomène susceptible d'amener, au contraire, en elle une augmentation de poids, ne doit nullement entrer ici en ligne de compte, puisque son effet, loin de pouvoir masquer une absorption, ne pourrait que la faire paraître plus grande encore en ajoutant à l'augmentation de poids déterminée par celle-ci celle que lui-même aurait produite. Examinons donc, avant tout, pour dégager la question de ce qui pourrait la compliquer ou l'embarrasser, quelles sont les causes de déperdition qui peuvent exister pour un végétal placé en plein air pendant la nuit.

§ I. — Rôle de la respiration et de la transpiration pendant la nuit.

Si je ne me trompe, les seuls phénomènes dont ce végétal soit alors le siége sont la respiration et la transpiration.

1° Respiration. — Or, en quoi consiste la respiration végétale pendant la nuit? En une inspiration d'oxygène accompagnée d'un dégagement corrélatif d'acide carbonique. La quantité d'oxygène introduite dans les feuilles par cette inspiration est toujours très faible, puisque, dans ses célèbres expériences qui ont porté sur environ soixante espèces différentes, Th. de Saussure ne l'a jamais vue excéder sensiblement le volume des feuilles et l'a trouvée moindre que ce volume dans la plupart des cas (1); néanmoins elle est toujours supérieure à la proportion d'acide carbonique libre qui se dégage pendant le même temps (2). Quant à l'azote qui peut être expiré avec l'acide carbonique ou sans celui-ci (comme dans les plantes grasses), la quantité en est toujours si faible qu'elle ne suffit pas pour rendre l'expiration totale équivalente à l'inspiration (3). On voit donc que la respiration ne doit

(1) Saussure, *Recherches chimiques*, p. 98.

(2) *Ibid.*, p. 61.

(3) « Six pouces cubes de *Cactus*, qui avaient inspiré dans une nuit quatre pouces cubes de gaz oxygène, n'ont pu expirer à l'obscurité, sous une petite

pas déterminer pendant la nuit une diminution de poids chez les plantes mises en expérience; par conséquent, il faut faire abstraction de cet important phénomène dans la recherche des causes possibles de déperdition.

2° Transpiration. — La transpiration ou l'évaporation, comme on voudra l'appeler, pourrait être regardée comme exerçant une influence beaucoup plus grande que celle de la respiration, au point de vue où je me place en ce moment; aussi insisterai-je quelque peu sur les motifs qui me font penser que ce phénomène ne doit pas non plus être mis en cause lorsqu'il s'agit de plantes mouillées par une forte rosée.

Il n'est peut-être pas inutile de faire observer en premier lieu que la rosée se dépose sur les deux faces des feuilles, sur lesquelles elle ne tarde pas d'ordinaire à former un revêtement liquide, les plaçant ainsi l'une et l'autre dans des conditions à peu près semblables.

Il résulte des expériences faites par divers physiologistes et aussi, qu'il me soit permis de le dire, de celles que j'ai poursuivies moi-même pendant deux années, que pendant les nuits sèches et sans rosée, c'est-à-dire dans les conditions les plus favorables à la transpiration, ce phénomène n'a lieu que dans de faibles proportions; en outre, il est difficile de contester qu'il cesse à fort peu près, si ce n'est entièrement, de se produire sur les feuilles, dès que la rosée, se formant en abondance sur les deux faces, les enduit d'un revêtement liquide complet. A cet égard, Hales, dont les expériences ont servi jusqu'à ce jour de base à l'histoire de la transpiration, s'exprime de la manière la plus catégorique. Même pour l'*Helianthus annuus*, dont la déperdition aqueuse a été reconnue par lui comme extrêmement considérable pendant le jour, on a pu voir par la citation qui se trouve plus haut que « aussitôt qu'il y avait un tant soit peu de rosée, il ne se faisait plus de

quantité d'eau, dans le vide, qu'un pouce d'air qui contenait 15/100 de gaz oxygène et 85/100 de gaz azote, et point ou 1/100 de gaz acide carbonique. » Th. de Saussure, *Recherches chimiques*, p. 68.

transpiration. » M. Boussingault semble admettre aussi, du moins implicitement, la suppression complète de la transpiration dans les mêmes circonstances. On lit en effet dans son *Économie rurale* (1) : « Dans les jours pluvieux, pendant les brouillards, l'évaporation cesse. » Or, quel est l'effet direct des brouillards et de la pluie ? C'est de mouiller les feuilles, comme le fait aussi la rosée. Si l'on admet que le revêtement aqueux qu'ils forment à ces organes en supprime la transpiration, même pendant le jour, évidemment il doit en être de même à plus forte raison, quand ce revêtement se forme sur eux par l'effet de la rosée et pendant la nuit.

Il serait facile de multiplier à cet égard les citations, car c'est là un point admis sans contestation dans la science, et basé sur des observations très diverses. Cependant, pour abréger, je me contenterai de citer un autre énoncé pris dans un travail spécial d'une importance majeure.

Guettard, à qui l'on doit une fort belle série d'expériences sur la transpiration que Meyen n'hésite pas à déclarer supérieure à celle qui a fait la gloire de Hales, s'exprime de la manière suivante dans le premier de ses mémoires sur ce sujet : « Dans toutes les expériences précédentes, j'ai compté, comme on fait ordinairement, pour un jour le jour réel et la nuit ; mais il paraît par l'expérience suivante que l'on ne doit compter que le jour proprement dit pour le temps pendant lequel les plantes transpirent ; leur transpiration ne monte à presque rien pendant la nuit (2). » Or, l'expérience à laquelle il fait allusion et que je crois inutile de rapporter, avait pour objet deux plantes entièrement soustraites à l'influence de la rosée. J'ajouterai que la méthode adoptée par Guettard consistait à recueillir l'eau sortie des feuilles par l'effet de la transpiration ; qu'elle différait ainsi complétement de celle de Hales, et qu'elle vient dès lors fournir pour le même fait une démonstration toute différente. Ce mode d'expérimentation permet d'ailleurs de réfuter une objection qui pourrait se présenter à

(1) Deuxième édition, t. I, p. 29.

(2) Guettard, *Sur la transpiration insensible des plantes*, premier mémoire, dans les *Mém. de l'Acad. roy. des sc.*, année 1748, p. 574.

l'esprit de quelques personnes. Si les plantes ne perdent pendant une nuit calme, mais sans rosée, qu'une faible portion de leur poids, on pourrait être porté à croire que cela tient à ce qu'elles ont absorbé dans l'air de l'humidité en assez forte proportion pour dissimuler presque exactement la perte réelle qu'elles ont subie. Or, puisque Guettard a recueilli l'eau qui donne lieu à cette perte et qu'il l'a vue se réduire après sa condensation « à quatre ou cinq gouttes de liquide », pour une branche entière de Sureau comme pour une de Chèvre-feuille, il est clair que la faible diminution de poids indiquée dans ces circonstances par la balance est bien l'expression de la transpiration tout entière pendant la nuit, et dès lors que ce serait une supposition gratuite, contraire même à l'objection, que celle qui ferait intervenir une absorption quelconque d'humidité pendant le même espace de temps.

Tous les auteurs de traités de physiologie végétale, De Candolle, Meyen, MM. Treviranus, Unger, etc., se sont exprimés de la même manière, de telle sorte qu'il n'y a pas dans la science de fait mieux établi que celui qui consiste dans l'extrême affaiblissement de la transpiration par l'effet seul de l'obscurité, de sa suppression totale ou à fort peu près dans les circonstances où à cette obscurité vient se joindre une humidité abondante ou mieux encore un revêtement aqueux.

Qu'il me soit permis de rappeler que moi-même je me suis occupé avec soin et longuement d'expériences à ce sujet, et que je crois avoir prouvé par des faits cette annihilation complète ou à fort peu près complète de la transpiration par la présence sur les plantes d'une rosée suffisante pour les couvrir d'une couche d'eau (1).

Je crois donc, au total, que la transpiration ne peut pas plus que la respiration contribuer à infirmer les résultats donnés par les deux pesées successives qui forment le point capital de mes expériences.

(1) Duchartre, *Observations sur la transpiration des plantes pendant la nuit.* (*Bull. de la Soc. botan. de France*, t. IV, 1857, p. 1024-1031.)

§ 2. — Méthode employée.

Voici maintenant de quelle manière j'ai procédé.

Les plantes que j'ai prises pour sujets de mes recherches expérimentales ont été choisies en bon état de végétation, exemptes, à leur surface, de déchirures, de cicatrices, en un mot, de tout ce qui aurait pu amener une dessiccation partielle ou une imbibition locale. Elles étaient toutes cultivées dans des pots petits, mais suffisants pour elles, et dans lesquels on les avait plantées depuis quelque temps. Chacune a été munie de l'appareil décrit plus haut qui, formant autour du pot et de la terre une enveloppe exactement fermée, permettait de faire abstraction de ceux-ci. Elles étaient pesées avec soin à l'entrée de la nuit; après quoi elles étaient placées au milieu d'un grand jardin où elles *voyaient* une grande étendue de ciel, de manière à rayonner librement et par suite à se couvrir de rosée toutes les fois que les circonstances étaient propices à la production de ce phénomène. Le lendemain matin de bonne heure elles étaient pesées de nouveau, après que toute la surface de leur appareil avait été essuyée avec soin. Lorsqu'elles étaient mises dans cet état sur la balance toutes mouillées de rosée, le poids total qu'elles accusaient était évidemment la somme de leur poids réel et de celui de l'eau qu'elles portaient. Il restait donc, et ceci était la partie la plus délicate, mais en même temps la plus essentielle de l'opération, à déterminer le poids de cette eau superficielle qui, soustrait du chiffre total, devait donner le poids réel au moment de la pesée. Si, comme je crois l'avoir montré, la plante n'avait pu perdre sensiblement de son poids par la respiration ni par la transpiration pendant la nuit qui l'avait couverte de rosée; si, en outre, cette rosée enlevée, elle accusait un poids égal ou inférieur à celui qui avait été constaté la veille à l'entrée de la nuit, il me semble logique d'en conclure qu'elle n'avait rien pris qui pût la rendre plus pesante, en d'autres termes, qu'elle n'avait absorbé aucune portion de cette eau qui s'était condensée sur ses parties aériennes, c'est-à-dire qu'elle n'avait pas absorbé de rosée. Or c'est précisément ce que j'ai reconnu. Pendant cinq années de suite j'ai fait un nombre considérable d'expériences sur des plantes variées : annuelles, vivaces, ligneuses, à feuilles herbacées, coriaces, charnues, et jusqu'à ce jour je n'ai jamais vu un de mes sujets accuser un poids plus considérable après une nuit à rosée que la veille. Convaincu, comme tout le monde, au commencement de mes observations, que la rosée est absorbée directement par les organes qu'elle couvre, j'ai dû forcément, en présence de faits si démonstratifs, renoncer à cette manière de voir pour en adopter une toute contraire. Si, pour un motif qu'il m'est impossible de soupçonner, cette opinion était erronée, j'ose croire que personne ne pourra m'accuser de l'avoir adoptée légèrement, ni d'avoir rien négligé pour lui donner une base solide et scientifique.

Afin de débarrasser mes plantes, après la première pesée du matin, de la rosée qui les couvrait, j'ai procédé de deux manières différentes. Lorsque leurs feuilles étaient lisses, larges, assez peu nombreuses et suffisamment espacées, je les essuyais avec soin à l'aide d'éponges fines, de linges usés et fins ; mais, dans ce cas, je n'ose pas me flatter d'avoir jamais enlevé complétement l'eau superficielle, à cause des rugosités des feuilles et aussi à cause de l'extrême difficulté que j'éprouvais pour atteindre le liquide amassé à l'aisselle de celles-ci. Le poids trouvé a donc dû être alors légèrement supérieur au poids réel ; mais si, avec cette légère addition, il n'a dépassé que faiblement celui de la veille, ou surtout s'il lui a été soit égal, soit inférieur, la non-absorption devient par cela même évidente.

Ce procédé commode et expéditif n'a pu être employé pour les plantes à feuilles très nombreuses, petites et rapprochées, ni pour celles dont l'épiderme n'était pas lisse. Pour celles de cette seconde catégorie, j'ai eu recours à l'évaporation naturelle de la rosée. Après les avoir pesées toutes mouillées, je les ai placées dans une chambre, à une demi-obscurité où, comme on le sait, le défaut de lumière amoindrit considérablement la transpiration. Lorsque, au bout de deux ou trois heures de séjour dans cet endroit, leur surface s'est montrée débarrassée de rosée, je les ai pesées de nouveau. Cette seconde pesée m'a donné le poids réel de la plante sèche, sauf une légère correction qui m'a semblé nécessaire. En effet, pendant son séjour dans cette chambre, la plante ne transpirait point tant qu'elle était mouillée, et la transpiration n'a dû commencer pour elle que lorsque sa surface a été sèche, et par conséquent découverte, c'est-à-dire pendant une faible portion de ces deux ou trois heures. Cependant, pour qu'on ne pût m'accuser d'avoir forcé le résultat dans un sens favorable à mes conclusions, je l'ai exagéré en sens inverse et j'ai supposé que la transpiration avait été, pendant tout ce temps, égale à ce qu'elle est devenue quand les feuilles ont été débarrassées d'eau à leur surface. Pour savoir ce que la plante aurait perdu dans cette supposition, je l'ai laissée dans le même lieu pendant le reste de la journée. Une nouvelle pesée faite le soir m'a montré combien elle avait transpiré pendant tout ce temps, d'où un calcul fort simple m'a donné le chiffre auquel aurait pu s'élever la déperdition pendant les deux ou trois heures qu'a exigées l'évaporation de la rosée. Je le répète, cette correction est évidemment exagérée, mais j'ai cru devoir la faire telle pour éviter toute objection.

Quel que fût le procédé suivi pour faire disparaître la rosée déposée à leur surface, les sujets de mes observations ont accusé le matin un poids tantôt à fort peu près égal, tantôt plus ou moins inférieur à celui de la veille. La différence entre ces deux résultats s'explique sans difficulté. Par un temps calme et sous un ciel pur, la rosée commence à se former dès la chute du jour, et sa production se continue pendant toute la nuit. Dans ces circonstances, dès l'instant où mes plantes, venant d'être pesées, ont été placées à l'entrée de la nuit au milieu du jardin, le rayonnement a commencé de s'opérer à leur surface; par conséquent, un dépôt immédiat de rosée a supprimé pour elles la transpiration. La déperdition a donc été nulle pendant toute la nuit, comme l'indiquent, au reste, les pesées. Dans d'autres cas, au contraire, la formation de rosée n'a eu lieu qu'à une heure plus ou moins avancée de la nuit; dès lors, jusqu'au moment où elle a commencé de se former, les plantes ont subi une légère perte par l'effet d'une transpiration qui, toute faible qu'elle fût, a dû produire un effet appréciable à la balance; de là est résultée, dans ce cas, la diminution indiquée par la pesée du matin comparée à celle de la veille. Cette diminution est même devenue assez notable lorsque, pendant une partie de la nuit, un vent chaud, soufflant sous un ciel nuageux, a rendu la transpiration nocturne plus forte que de coutume. On voit donc que la différence des circonstances rend compte de celle qui existe entre les résultats dans l'une et l'autre occasion.

CHAPITRE IV.

Circonstances qui peuvent expliquer pourquoi la rosée n'est pas absorbée par les feuilles.

Il semble étrange que des feuilles restent couvertes d'eau de la rosée, pendant une nuit entière, sans en absorber une quantité appréciable à des balances sensibles ; cependant quelques considérations feront disparaître, j'ose le croire, ce que ce fait présente d'extraordinaire au premier coup d'œil.

A. — Différence entre des branches ou feuilles détachées et des plantes vivantes.

On a souvent le tort de confondre des végétaux vivants, ayant leurs racines dans la terre, de laquelle ils tirent incessamment des liquides, avec des branches ou des feuilles détachées, qui perdent sans cesse sans rien recevoir par la voie naturelle, et dans lesquelles par conséquent la marche naturelle des phénomènes se trouve altérée. Malheureusement, comme il est toujours difficile de mettre en expérience des sujets vivants et végétant dans les conditions normales, les physiologistes ont recours en général à de simples branches coupées, et ils croient pouvoir ensuite étendre aux plantes entières, fixées au sol, les conclusions déduites des observations dont ces fragments ont été les objets. Or il est facile de démontrer qu'il n'y a point parité entre une plante vivante et les parties qui en ont été détachées, que dès lors (je parle en ce moment de l'absorption de l'eau) ces dernières n'autorisent aucune conclusion relativement à la première.

Les expériences bien connues de Bonnet au sujet de feuilles détachées qui, posées sur l'eau, se conservaient fraîches pendant un temps souvent considérable, avaient amené ce célèbre naturaliste à penser que, dans ce cas, ces organes avaient absorbé de l'eau au contact. Les physiologistes se sont, en général, refusés à admettre cette explication du fait observé. Entre autres, De Candolle a regardé comme l'interprétation la plus probable celle qui consiste à dire « que la position des stomates sur l'eau arrête l'évaporation des sucs que la feuille renferme et conserve sa fraîcheur » (1). J.-J.-P. Moldenhawer avait antérieurement (2) proposé une explication analogue des mêmes expériences; et quant à Meyen (3), ainsi qu'à M. Treviranus (4), ils ont affirmé dans les termes les plus formels que la suppression de la transpiration était la seule cause des faits observés par Bonnet. Or, lorsque j'ai voulu répéter les expériences de Bonnet avec le secours de la balance, j'ai constaté que l'explication donnée par le savant genévois était fondée, et que les feuilles détachées qu'on pose sur l'eau absorbent par l'une ou l'autre de leurs faces, plus rarement par les deux, une quantité de liquide très appréciable; seulement j'ai reconnu que ce qui se passe alors en elles semble n'être qu'une simple imbibition locale, puisque, à côté des parties d'une feuille qui restent fraîches, grâce au contact du liquide, celles qui n'ont pas ce contact ne tardent pas à se dessécher (5). J'ai vu aussi, dans une autre occasion (6), des branches feuillées que je plongeais dans l'eau, après en avoir mastiqué la coupe avec soin, s'imbiber de même d'une quantité notable de ce liquide.

Au contraire, lorsque j'ai plongé entièrement dans l'eau la tête

(1) *Physiologie végétale*, t. I, p. 61.

(2) *Beiträge*, p. 98 et 99, 1812.

(3) *Neues System der Pflanzenphysiologie*, t. II, p. 112.

(4) *Physiologie der Gewaechse*. t. I, p. 510.

(5) Duchartre; *Expériences sur l'absorption de l'eau par les feuilles, au contact* (*Bull. de la Soc. botan. de France*, t. III, 1856, p. 221-223).

(6) *Bull. de la Soc. botan. de France*, t. V, 1858, p. 110.

feuillée d'un *Veronica Lindleyana* vivant et planté dans un pot qu'enveloppait un appareil exactement fermé, j'ai vu cette plante y séjourner pendant quarante-huit heures de suite sans augmenter de poids. J'ai même constaté que, pendant cette longue submersion, elle a transpiré sensiblement pendant le jour. La diminution totale qu'elle a ainsi subie pendant ces quarante-huit heures a été de $2^{gr},6$ (1). Si les feuilles d'une plante vivante, étant complétement submergées pendant deux journées entières, n'ont pas absorbé la moindre parcelle du liquide qui les baignait, faut-il être surpris de les voir se comporter de la même manière lorsqu'elles sont revêtues de rosée pendant la nuit?

B. — Pourquoi la rosée ne mouille pas exactement les feuilles.

Il devient possible, ce me semble, d'expliquer ce défaut d'absorption, si l'on songe à la manière dont la rosée se forme sur les plantes, à la nature de l'épiderme des feuilles et à l'enduit qu'il présente, enfin à la structure de ces organes.

1° *Manière dont la rosée se forme sur les plantes.* — Mon attention a été attirée sur ce point par un savant professeur de physique. Depuis cette obligeante communication, j'ai fait à ce sujet un assez grand nombre d'observations dont voici les résultats :

On sait que l'air *mouille* en quelque sorte les corps qu'il entoure, et qu'il adhère même assez fortement à leur surface. Les botanistes, en particulier, ont fréquemment occasion de reconnaître cette adhérence de l'air, quand ils veulent observer l'épiderme des feuilles sous le microscope : or la rosée, se condensant graduellement à la surface des plantes, n'en expulse pas la lame d'air adhérente. J'ai vu plusieurs fois et sur diverses espèces (Rosiers, *Pentstemon*, Vigne, Glayeuls, Lis, etc., pétales du *Pelargonium zonale*, etc.), le liquide ainsi produit former d'abord un grand nombre de gouttelettes globuleuses, distinctes et séparées, qui, dès lors, ne mouillaient pas exactement les feuilles. Ces goutte-

(1) *Bull. de la Soc. botan. de France*, t. V, 1858, p. 105-111.

lettes augmentant de volume, à mesure que la condensation de vapeur continue d'avoir lieu, ne tardent pas à se toucher, à se réunir enfin en une couche continue ; mais il semble que, par suite du mode de formation de ce revêtement liquide, il puisse rester une lame d'air plus ou moins complète, interposée entre lui et l'épiderme, et que, dès lors, le contact ne soit pas rigoureusement immédiat.

2° *État de la surface de l'épiderme.* — L'épiderme se trouve habituellement dans un état qui le rend plus ou moins difficile à mouiller ; cet état est une conséquence de l'évaporation qui s'opère chaque jour à sa surface, c'est-à-dire de la transpiration. « L'eau seule, dit M. Schleiden (1), s'évapore à sa surface, et ainsi se dépose une couche toujours de plus en plus épaisse des substances qui étaient dissoutes dans le suc cellulaire, laquelle recouvre la surface externe des cellules épidermiques. En même temps, sous l'action de l'oxygène atmosphérique, ces substances subissent une modification chimique, et se changent en une matière qui rend de plus en plus difficile le passage du liquide. C'est ainsi que la cire et la résine viennent se montrer finalement sur cette surface. » La transpiration étant directement en rapport avec l'intensité de la lumière et de la chaleur solaires, il s'ensuit que la production de la couche de cire qui enduit la cuticule épidermique s'opère le plus énergiquement possible par une belle journée ; or c'est aussi après une belle journée que la rosée se forme d'ordinaire en plus grande abondance, et cette circonstance n'est certainement pas faite pour favoriser l'absorption de l'eau ainsi déposée.

Les expériences de M. Garreau, qui ont été faites sur des épidermes, non pas laissés en place, ni fixés à des feuilles vivantes, mais arrachés et attachés à un endosmomètre, ont montré combien, même dans ces circonstances entièrement différentes de l'état naturel des choses, l'existence du revêtement cireux fait naître d'obstacles à la perméabilité de la membrane épidermique pour l'eau avec laquelle elle est en contact. Cet observateur, dont le témoignage est d'autant moins suspect que l'objet de son travail,

(1) *Die Physiologie der Pflanzen und Thiere*, p. 118.

est d'établir, en se basant sur de simples expériences faites à l'endosmomètre, l'existence de la faculté endosmique dans les épidermes, s'exprime de la manière suivante: « Si la matière grasse est déjà un obstacle à l'absorption de l'eau chez les plantes dont les feuilles sont enfouies en partie dans le sol, il devient dès lors presque certain que celles dont ces expansions flottent constamment dans l'air, et exhalent, sous l'influence de la chaleur de l'été, une forte proportion de matière grasse, ne doivent pas être plus endosmiques que les précédentes (1). »

L'existence de cet enduit gras à la surface de l'épiderme permet encore de comprendre pourquoi les feuilles n'absorbent pas la rosée qui se dépose sur leurs deux faces.

3° *Structure anatomique des feuilles.* — La structure anatomique des feuilles, par suite de laquelle on trouve de l'air en quantité plus ou moins considérable entre les cellules de leur parenchyme, peut, ce me semble, faire naître un nouvel obstacle à la pénétration de l'eau de l'extérieur vers l'intérieur de ces organes.

Au total, et pour les trois motifs que je viens d'indiquer, la non-absorption de la rosée par les organes qu'elle mouille me semble être un fait peu difficile à expliquer.

CHAPITRE V.

Les plantes fanées ne reprennent point leur turgescence par l'action directe de la rosée.

Un fait curieux, mais malheureusement peu rare dans l'histoire des sciences, c'est que des croyances populaires sans fondement, parfois même des erreurs graves s'introduisent jusque dans les ouvrages le plus justement estimés, et se perpétuent ensuite en une sorte de tradition que chacun accepte sans examen comme des vérités démontrées. Pareille circonstance s'est présentée relative-

(1) Garreau, *Recherches sur l'absorption et l'exhalation des surfaces aériennes* (*Ann. des sc. natur.*, 3e série, t. XIII, 1849, p. 325).

ment aux effets attribués à la rosée sur les plantes fanées; seulement, dans ce cas, on n'a eu que le tort d'attribuer un effet réel à une cause autre que celle qui l'avait produit. Il y a eu dès lors confusion plutôt qu'erreur proprement dite. Voyant que des plantes fanées par la chaleur du jour reprenaient la turgescence de leurs tissus et leur fraîcheur dans la nuit pendant laquelle elles se couvraient de rosée, on a pensé que ce changement important dans leur manière d'être tenait à une absorption de l'eau qui était venue couvrir leur surface. Sous ce rapport, les savants ont pensé comme le vulgaire, et c'est ainsi que Sénebier, suivi en cela par tous les physiologistes, a dit, en parlant des gouttes de rosée : « Les plantes fanées par la chaleur d'un soleil brûlant, reprennent leur fraîcheur pendant la nuit, lorsqu'elles sont couvertes par ces gouttes (1). »

Or, dans cette conclusion relative à l'action de la rosée sur les plantes fanées, Sénebier et ceux qui se sont exprimés comme lui, ont attribué à tort à une absorption locale et directe ce qui était dû à la simple humectation du sol par la condensation de la vapeur aqueuse de l'atmosphère. J'ai pu m'éclairer à ce sujet par deux modes d'observations qui me semblent mettre cette confusion en parfaite évidence et dont voici l'exposé :

1° J'ai exposé à la rosée des plantes fanées, dont la terre était soustraite au contact de l'air, grâce à mon système d'appareil hermétiquement fermé. Dans ce cas, la terre, dont la sécheresse avait déterminé la fanaison des plantes mises en expérience, n'ayant pu absorber de l'humidité, l'état des feuilles n'a pas changé, malgré la présence à leur surface d'une rosée abondante, et il a fallu un arrosement pour leur rendre leur fraîcheur. La balance a fourni une nouvelle preuve à l'appui de cette observation démonstrative, en apprenant que ces plantes fanées n'avaient pas augmenté de poids, malgré le séjour sur leurs feuilles de l'enduit liquide que la rosée y avait formé. Ces expériences ont été faites principalement sur l'Hortensia, le Soleil des jardins (*Helianthus annuus* L.) et le *Veronica Lindleyna*. Elles ont été rapportées, pour la plupart, dans ma

(1) Sénebier, *Physiologie végétale*, t. III, p. 94.

note intitulée : *Observations sur la fanaison des plantes et sur les causes qui la déterminent* (1).

2° J'ai placé de même à l'air libre, pendant la nuit et sous un ciel serein, des plantes d'espèces diverses (*Veronica Lindleyana*, *Aloysia citriodora*, etc.), cultivées en pots, mais dont la terre n'avait pas été arrosée depuis plusieurs jours, et avait ainsi séché, durci même au point que l'humectation en était devenue difficile. Ces plantes étaient fanées à un haut degré. Elles sont restées, avec leur pot à découvert, dans des conditions qui permettaient un rayonnement considérable et par suite, un dépôt abondant de rosée. Dans ces circonstances, la terre durcie n'ayant pu absorber assez d'humidité pour modifier un pareil état de choses, j'ai trouvé, le lendemain matin, les feuilles couvertes de rosée et cependant fanées comme la veille. Il a fallu mouiller la terre en l'arrosant pour rendre à ces plantes la turgescence de leurs organes.

Il me semble évident que, dans l'une et l'autre de ces observations, si les feuilles avaient pu opérer une absorption directe et locale de l'eau qui les mouillait, elles auraient promptement réparé leurs pertes, et ne seraient point restées fanées sous leur revêtement aqueux.

Il n'est peut-être pas inutile d'ajouter qu'un de nos jardiniers les plus distingués m'a dit avoir observé plusieurs fois des faits analogues à celui que je viens de rapporter en dernier lieu.

Je ne crois pas qu'il soit nécessaire de faire ressortir la netteté de la démonstration qui ressort des expériences rapportées dans ce chapitre. Je me contenterai donc de faire observer que, comme ces observations l'établissent, les feuilles, même dans l'état qui semblerait devoir leur donner beaucoup d'avidité pour l'eau, n'introduisent pas directement dans leur tissu la rosée déposée à leur surface pendant la nuit. Ainsi se trouve mis en relief ce qui me paraît ressortir de l'ensemble de mes observations, je veux dire l'importance du rôle que joue l'absorption par la terre meuble, dans toutes les circonstances où s'opère une formation de rosée.

(1) *Journal de la Société impériale et centrale d'Horticulture*, t. III, 1857, p. 77-87.

CHAPITRE VI.

Exposé détaillé de mes expériences.

Si je ne m'abuse étrangement, les considérations variées que je viens d'exposer, avec des développements qui m'ont semblé nécessaires, ont dû faire disparaître ce que pouvait avoir d'extraordinaire, au premier aperçu, cet énoncé : que la rosée couvre les plantes vivantes sans être absorbée directement par elles. Il ne me reste donc plus qu'à donner, à l'appui de cet énoncé, le détail des expériences qui m'ont conduit à l'exprimer. Ces expériences, poursuivies avec assiduité pendant cinq années, ont été nombreuses. Je ne pourrais les rapporter toutes sans donner à ce mémoire une longueur considérable. J'en passerai donc sous silence un assez grand nombre, et je m'attacherai seulement à faire figurer ici à peu près toutes les espèces qui m'en ont fourni les sujets.

Je rappellerai que les résultats de quelques-unes de ces expériences ont été rapportés dans une note peu étendue qui a été insérée dans le *Bulletin de la Société botanique de France*, en 1857 (1).

VERONICA LINDLEYANA, Hort.

Les pieds de cet arbuste qui m'ont servi de sujets étaient tous jeunes et en bonne végétation. Ils consistaient en boutures obtenues la même année ou au plus l'année précédente. Les uns n'avaient qu'une tige simple, haute de 3 ou 4 décimètres ; les autres étaient plus ou moins ramifiés. J'en ai mis successivement plusieurs en observation, les feuilles larges, espacées et lisses de cet arbuste étant faciles à essuyer et formant par cela même des sujets commodes pour des expériences.

Veronica Lindleyana A. — Le pied que je désigne ainsi était

(1) Duchartre, *Recherches sur les rapports des plantes avec la rosée*, t. IV, 1857, p. 940-946.

haut d'environ 25 centimètres, faiblement rameux, un peu ramassé et chargé de feuilles assez nombreuses.

Le 6 septembre 1857, à sept heures et demie du soir, la plante pesait 1630gr,0. Le lendemain 7, à six heures du matin, elle était couverte d'une rosée assez abondante. Ayant été pesée toute chargée de ce revêtement liquide, elle a eu un poids égal à celui de la veille ou de 1630gr,0. On voit donc que, au lieu de gagner pendant la nuit, elle avait perdu sensiblement, car, si du poids total qu'on lui a trouvé le 7 au matin on avait retranché celui de la rosée qu'elle portait lorsqu'elle a été mise sur la balance, on aurait eu certainement un chiffre inférieur à celui de la veille.

Le 9 septembre 1857, à huit heures du soir, le poids de ma Véronique a été trouvé de 1648gr,4 (1). Le 10, à six heures et demie du matin, elle était couverte d'une rosée abondante, avec laquelle elle a pesé 1649gr,2. Je l'ai essuyée alors feuille par feuille, sans toutefois que je puisse me flatter d'en avoir enlevé toute l'humidité. Ainsi essuyée, elle a été pesée de nouveau et a donné alors un nombre égal à celui de la veille, 1648gr,4. Elle avait donc subi, pendant la nuit, une légère déperdition, puisque ce dernier nombre comprenait, outre le poids de la plante sèche, celui de la faible quantité d'humidité qui n'avait pu être enlevée.

Le 12 septembre 1857, à sept heures et demie du soir, le poids trouvé à la même plante était de 1677gr,4. Le lendemain, à six heures et demie du matin, elle portait une forte rosée et pesait, celle-ci comprise, 1679gr,4. Je l'ai enfermée alors dans une chambre peu éclairée, dans laquelle elle est restée jusque vers neuf heures et demie. A ce moment, la rosée qui l'avait couverte ayant disparu, je l'ai pesée de nouveau et j'ai retrouvé 1677gr,4, poids de la veille. Je me suis proposé alors de reconnaître si, pour descendre à ce chiffre, elle n'avait pas perdu, en même temps que l'eau de la rosée, une portion de son propre poids, qui lui aurait été enlevée

(1) Peut-être n'est-il pas inutile de faire observer que, si le même sujet a présenté des poids différents lorsqu'il a été mis en observation, à des dates plus ou moins éloignées les unes des autres, cela tient simplement aux arrosements qu'il a reçus dans l'intervalle, et, d'un autre côté, aux pertes que lui a causées la transpiration.

par la transpiration; dans ce but, je l'ai laissée au même endroit jusqu'à sept heures et demie du soir. Pendant ces dix heures de jour, la température s'est élevée de 17°,5 à 20 degrés; par conséquent la transpiration a dû augmenter; néanmoins, ma Véronique n'a perdu pendant tout ce temps que 0^{gr},6. Donc, en supposant même que, le matin, elle eût transpiré également pendant tout l'intervalle de la première à la seconde pesée, ce qui n'avait pu avoir lieu, on voit qu'elle aurait perdu pendant ce temps moins de 1/5 de gramme, quantité trop faible pour que la balance dont je me servais alors me permît de l'apprécier avec certitude.

Le 14 septembre 1857, à sept heures du soir, le poids de ma plante était de 1675^{gr},6. Le lendemain, à six heures du matin, elle était couverte d'une rosée très abondante; dans cet état, elle a pesé 1678^{gr},2. Essuyée avec soin feuille par feuille, elle est descendue immédiatement à 1675^{gr},6, poids de la veille.

Le même jour, 15 septembre 1857, à sept heures du soir, l'arbuste pesait 1672^{gr},2. Le lendemain, 16, à six heures du matin, il a été pesé avec la rosée abondante qui le couvrait, et avec laquelle son poids a été de 1674^{gr},2. Laissé pendant trois heures, dans une chambre, à la demi-obscurité, et remis sur la balance dès que son revêtement liquide a eu disparu par évaporation, il n'a plus pesé que 1672^{gr},0, c'est-à-dire 1/5 de gramme de moins que la veille.

Le 16 septembre, à huit heures du soir, j'ai trouvé à ma plante un poids de 1668^{gr},6. Le 17, à six heures du matin, elle a été pesée toute couverte d'une rosée abondante et elle a donné alors 1670^{gr},4. Essuyée aussitôt, elle est redescendue à 1668^{gr},6, poids initial.

Le 17 septembre 1857, à sept heures et demie du soir, elle pesait 1665^{gr},6. Le lendemain 18, à six heures du matin, elle a été mise sur la balance, avec la rosée abondante qui la couvrait, et elle a donné le chiffre de 1667^{gr},2. Essuyée avec soin, elle est descendue immédiatement au poids initial de 1665^{gr},6.

Enfin, le 18 septembre 1857, à huit heures et demie du soir, elle pesait 1664^{gr} 0; le lendemain, à six heures et demie du matin, elle a été pesée portant sur ses feuilles supérieures une rosée légère, et elle a donné, dans cet état, le nombre 1665gr,8. Elle avait donc perdu, pendant la nuit, une portion appréciable de son poids initial.

N. B. — Les rosées abondantes dont il vient d'être question, comme ayant été observées chaque matin, du 13 au 18 septembre, ont eu lieu après une pluie torrentielle qui est tombée le 10; la température minimum de ces nuits a varié de + 10°,5 à + 12°,4; le ciel a été pur et l'air calme, tandis que, pendant la nuit du 18 au 19 septembre, le ciel a été couvert en majeure partie et il a fait un peu de vent.

Veronica Lindleyana B. — Ce pied, sur lequel les expériences ont été faites en même temps que les précédentes, avait une surface foliaire totale un peu plus étendue que celle du sujet dont il vient d'être question.

Le 29 août 1857, à huit heures du soir, le poids de cet arbuste était de 1898gr,6. Le lendemain, à cinq heures et demie du matin, ses feuilles ne portaient qu'une buée légère, et son poids n'était plus que de 1897gr,8. Ainsi, même avec ce faible poids additionnel, elle avait diminué, pendant la nuit, de 4/5 de gramme.

Le 1er septembre 1857, à sept heures et demie du soir, la plante pesait 1930gr,8. Le lendemain matin, à six heures, pesée avec la rosée assez abondante qui la couvrait, elle a donné 1932gr,8. Elle a été laissée alors dans une chambre où la température était de 20 degrés, à une demi-obscurité. Au bout d'une heure et demie, l'humidité qui en couvrait la surface s'étant dissipée à peu près entièrement, elle était revenue à son poids de la veille, ou à 1930gr,8, tandis que deux autres heures de séjour dans le même lieu ne diminuèrent son poids que de 1/5 de gramme (1930gr,6).

Le 13 septembre 1857, à sept heures et demie du soir, la Véronique pesait 1986gr,2. Le lendemain matin, à six heures et demie, pesée avec la rosée assez abondante qui la couvrait, elle a donné le nombre 1987gr,2. Elle a été laissée alors à la demi-obscurité, dans une chambre où la température s'est maintenue, tout le jour, à + 19 degrés environ. A une heure après midi, toute son humidité superficielle ayant disparu, elle n'a plus pesé que

1985gr,8. Pour savoir la part qui, dans cette diminution de poids, revenait à la transpiration, je laissai la plante à l'endroit où elle se trouvait depuis le matin. Le soir, à sept heures, elle pesait encore 1985gr,6, et n'avait donc perdu, en six heures, que 1/5 de gramme ; d'où, si l'on fait la supposition exagérée qu'elle avait subi, par l'effet de la transpiration, une perte égale à celle-ci dans l'intervalle de la première à la seconde pesée, on trouvera que son poids réel, à six heures et demie du matin, déduction faite de la rosée, était encore inférieur de 1/5 de gramme à celui de la veille.

Le 14 septembre 1857, à sept heures du soir, j'ai trouvé que le poids de ma plante était de 1985gr,6. Le lendemain 15, à six heures du matin, elle était couverte d'une rosée très abondante, avec laquelle elle a pesé 1988gr,0. Essuyée aussitôt, elle est descendue immédiatement à 1985gr,8. Cet excès à peine appréciable de 1/5 de gramme sur le poids initial tenant à la petite quantité d'humidité qui n'avait pu être enlevée, il est évident que la plante n'avait pas augmenté de poids, depuis la veille, malgré l'abondance de la rosée qui s'était condensée sur toute sa surface. La preuve qu'il en était ainsi a été obtenue directement par l'expérience suivante.

Le 15 septembre 1857, à sept heures du soir, le poids trouvé était de 1984gr,2. Le lendemain, à six heures du matin, l'arbuste, pesé avec la rosée abondante qui le couvrait, accusa 1986gr,6. Je l'essuyai alors avec soin, ce qui en réduisit immédiatement le poids à 1984gr,4. Ici encore l'excès de 1/5 de gramme de ce poids sur celui de la veille tenait à l'humidité qui n'avait pu être enlevée, car un séjour de trois heures à une demi-obscurité, dans une chambre, fit descendre la plante à 1983gr,8. Or j'avais reconnu, dans l'observation du 13-14, qu'elle ne transpirait que 1/5 de gramme en six heures; elle n'avait donc pu perdre qu'une quantité inférieure à 1/5 de gramme entre six et neuf heures. Il résulte donc de là que le poids final de 1983gr,8 devait être, à une très faible différence près, celui qu'avait réellement la plante le matin, à six heures, déduction faite de la rosée.

Le 16 septembre 1857, à huit heures du soir, ma Véronique pesait 1981gr,8. Le lendemain matin, à six heures, elle fut pesée chargée d'une rosée abondante, et accusa 1983gr,4. Restée à la demi-obscurité, dans une chambre où la température était de 20 degrés, elle parut avoir perdu toute cette eau au bout d'environ trois heures, et alors je la trouvai revenue à son poids de la veille, ou à 1981^{gr},8.

Enfin, le 17 septembre 1857, à sept heures et demie du soir, le poids de cette plante était de 1980^{gr},0. Le lendemain, à six heures du matin, une rosée abondante la couvrait; pesée en cet état, elle accusa 1981^{gr},4. En deux heures et demie de séjour dans une chambre peu éclairée, elle était déjà revenue à 1980^{gr},0, poids de la veille; il est cependant à peu près certain que sa surface n'était pas encore parfaitement sèche.

Veronica Lindleyana C. — Ce pied était plus développé que les deux premiers; sa tige ramifiée portait 49 feuilles dont la longueur moyenne était de 5 ou 6 centimètres, et dont les plus grandes étaient longues de 0^{m},08 et même 0^{m},085.

Le 21 septembre 1857, à sept heures du soir, cette plante pesait 1761^{gr},2. Le lendemain, à six heures et demie du matin, elle portait une buée assez forte, et ne pesait cependant que 1761^{gr},0, c'est-à-dire un peu moins que la veille.

Le 24 septembre 1857, à sept heures et demie du soir, son poids était de 1744^{gr},4. Le 25, à six heures et demie du matin, elle était toute couverte d'une rosée abondante et pesait, ainsi mouillée, 1748^{gr},4; ayant été essuyée avec soin, elle descendit immédiatement à 1744^{gr},0.

Veronica Lindleyana D. — Ce quatrième pied était formé d'une tige simple, haute de 0^{m},35, et chargée de 16 grandes feuilles, dont la longueur moyenne était de 0^{m},08.

Le 21 septembre 1857, à sept heures du soir, cet arbuste pesait 1549^{gr},4. Le lendemain matin, à six heures et demie, quoique couvert sur toute sa surface d'une buée de rosée, il pesa seulement 1549^{gr},8. Cette faible augmentation de 2/5 de gramme ne représentait certainement pas le poids de la rosée qu'il portait, et dès lors il devait avoir un peu perdu pendant la nuit.

Le 24 septembre 1857, à sept heures et demie du soir, son poids fut de 1540^{gr},2, et il devint 1543^{gr},8 lorsqu'on le pesa tout couvert d'une rosée fort abondante, le lendemain, à six heures et demie du matin ; mais ce poids se réduisit à 1540^{gr},0 aussitôt que les feuilles eurent été essuyées avec soin.

Enfin, le 25 septembre 1857, à sept heures et demie du soir, le poids reconnu fut de 1534^{gr},8. Il devint 1535^{gr},6, le lendemain, à six heures et demie du matin, la plante étant alors couverte d'une rosée assez abondante ; il fut ensuite réduit immédiatement à 1534^{gr},6, les feuilles ayant été essuyées.

Veronica Lindleyana E. — Le pied que je désigne ainsi consistait en une tige simple, qui portait 11 paires de feuilles.

Le 29 octobre 1858, à sept heures du soir, il pesait 1914^{gr},70. Le lendemain, vers sept heures du matin, il portait une rosée peu abondante avec laquelle il pesa 1915^{gr},20. Il suffit d'en essuyer les feuilles imparfaitement pour en faire descendre le poids à 1914^{gr},65.

Veronica Lindleyana F, G. — J'ai pensé qu'il y aurait quelque intérêt à mettre simultanément en expérience deux pieds aussi semblables entre eux que possible, dont l'un aurait son pot logé dans l'appareil hermétiquement fermé, tandis que, pour l'autre, le pot et la terre resteraient entièrement à découvert. Voici quelques-uns des résultats obtenus dans ces expériences comparatives. Je désignerai par F le pied de Véronique dont le pot était enfermé, et par G celui dont le pot et la terre restaient exposés à l'air libre. Je ferai observer que ce pot était un tronc de cône renversé, haut seulement de 0^{m},11 et large également, à son orifice, de 0^{m},11, de ceux que les jardiniers nomment godets, et qu'il était rempli de terre de bruyère.

Le 11 septembre 1859, à neuf heures et demie du soir, la Véronique F (à pot enfermé) pesait 1570^{gr},00, et G (à pot découvert) 969^{gr},50. La rosée fut forte pendant la nuit ; le lendemain, à six heures du matin, les deux plantes, couvertes de l'eau ainsi produite, pesèrent, la première, F, 1573^{gr},80, la dernière, G, 975^{gr},35. L'une et l'autre furent aussitôt essuyées avec soin ; après quoi elles furent pesées et montrèrent ainsi que l'enlèvement de l'eau déposée sur leurs feuilles les avait réduites, la première, ou F, à 1569^{gr},85, la seconde, ou G, à 972^{gr},50. Ainsi, la première portait sur ses feuilles 3^{gr},95 de rosée ; la seconde en avait 3^{gr},85, c'est-à-dire une quantité presque identiquement égale ; mais la première ayant son pot enfermé, descendit un peu au-dessous du poids qu'elle avait la veille, aussitôt qu'elle eût été essuyée, tandis que la seconde, dont le pot et la terre avaient subi l'influence de la rosée, montra que ceux-ci avaient pris et conservé 3 grammes. Or, la terre de cette dernière était humide lorsqu'elle avait été mise en expérience ; sans cela elle aurait absorbé une plus forte quantité d'humidité. J'en ai obtenu la preuve directe en soumettant à la même influence un pot de mêmes dimensions, rempli de la même terre de bruyère beaucoup plus sèche. Ce pot éleva son poids, pendant la nuit du 11 au 12, de 775gr,85 à 782gr,10, c'est-à-dire qu'il absorba 6gr,25 d'eau, ou un peu plus que le double de la quantité absorbée par celui de G.

Le 16 septembre 1859, à neuf heures du soir, le pied F pesait 1514gr,05, tandis que G pesait 1034gr,95. Pendant la nuit, il y eut une rosée d'une abondance extrême. Couvert de l'eau ainsi déposée, le lendemain, à six heures et demie du matin, F pesa 1519gr,70, tandis que G pesa 1046gr,10. Ces deux plantes furent alors essuyées avec soin ; mais la première conserva une certaine quantité d'humidité, particulièrement sur deux inflorescences jeunes qu'il ne fut pas possible d'essuyer ; néanmoins elle tomba immédiatement à 1514gr,35, tandis que G descendit seulement à 1041gr,85. Il me semble donc évident que F serait revenu au moins à son poids de la veille s'il avait été possible de lui enlever toute l'eau qui s'était condensée à sa surface ; d'où l'on voit que F s'était chargé, pendant la nuit, de 4gr,65 de rosée, et que G en avait reçu en tout 11gr,15, dont environ 7 grammes revenaient à la terre et au pot qui renfermait celle-ci, tandis que sur les feuilles il s'en était formé 4gr,25.

Veronica Lindleyana H et I. — Le 17 octobre 1859, à sept heures et demie du soir, deux autres pieds de *Veronica Lindleyana* furent soumis au même genre d'observation comparative. L'un, H, avait son pot dans un appareil hermétiquement fermé ; l'autre, I, avait son pot à découvert. Le premier pesa 1665gr,40 ; le poids du second fut de 876gr,35. Le lendemain 18, à sept heures du matin, ils étaient couverts d'une rosée des plus abondantes, avec laquelle

II pesa 1673^{gr},55, I pesa 889^{gr},20. L'un et l'autre furent essuyés, mais ils conservèrent un peu d'humidité superficielle; néanmoins le premier descendit immédiatement à 1665^{gr},65, et le second tomba à 884^{gr},05. Je dois faire observer que la terre de ce dernier avait été arrosée peu de temps avant sa mise en expérience et se trouvait dès lors assez humide pour ne devoir absorber que faiblement; aussi ne lui revient-il que 4^{gr},76 sur le poids total de la rosée.

REINE-MARGUERITE (CALLISTEPHUS HORTENSIS CASS.).

Reine-Marguerite A. — Cette plante était haute d'environ 0^{m},45, ramifiée et chargée de feuilles en grand nombre. Ses capitules furent supprimés parce que, s'imbibant d'eau presque comme une éponge, ils altéraient la netteté des résultats.

Le 14 septembre 1857, à sept heures du soir, son poids était de 2214^{gr},2. Le lendemain, à six heures du matin, elle était couverte d'une rosée très abondante; ainsi mouillée, elle pesa 2219^{gr}8. Ayant été laissée ensuite à la demi-obscurité, dans une chambre, pendant trois heures, temps nécessaire pour que cette eau parût s'être évaporée, elle revint, au bout de ce temps, un peu au-dessous de son poids initial, à 2214^{gr},0.

Le 15 septembre 1857, à sept heures du soir, elle pesait 2238^{gr},2. Le lendemain, à six heures du matin, elle fut pesée avec la forte rosée qui la couvrait et pesa, dans cet état, 2243^{gr},0. Après trois heures de séjour dans une chambre peu éclairée, sa surface paraissait sèche, et elle ne pesait plus que 2237^{gr},4.

Enfin, le 17 septembre 1857, à sept heures et demie du soir, son poids était de 2196^{gr},6; il était de 2203^{gr},6, le lendemain matin, à six heures, lorsqu'elle fut mise sur la balance, toute couverte d'une forte couche de rosée; mais il se réduisit à 2196^{gr},2, au bout de trois heures de séjour à la demi-obscurité, dans une chambre, espace de temps qu'exigea l'évaporation de son revêtement liquide.

Reine-Marguerite B. — Ce second pied de la même espèce avait été choisi fort peu différent du premier, avec lequel il fut mis plusieurs fois en observation. Il fut traité de même que celui-ci.

Le 28 août 1857, à huit heures du soir, il pesait 2141gr,8. Le 29, à cinq heures et demie du matin, il portait une buée de rosée; néanmoins, avec ce léger poids additionnel, il ne pesait que 2141gr,6, et ce nombre s'était déjà réduit à 2141gr,0, après une heure de séjour à la demi-obscurité dans une chambre.

De même, malgré la rosée légère qui le couvrait, le 7 septembre 1857, à six heures du matin, il n'accusa qu'un poids de 2135gr,2, le même qu'il avait eu la veille, à sept heures et demie du soir.

Le 14 septembre 1857, à sept heures du soir, cette Reine-Marguerite avait un poids de 2191gr,6; le lendemain, à six heures du matin, elle était couverte d'une rosée fort abondante, et, ainsi mouillée, elle pesa 2198gr,4. Cette eau ne s'était pas entièrement évaporée après trois heures de séjour à la demi-obscurité, dans une chambre où la température était de 18°,5 : cependant son poids était alors descendu à 2191gr,8.

Le 15 septembre 1857, à sept heures du soir, elle pesait 2209gr,2; le lendemain matin, à six heures, elle portait beaucoup de rosée, avec laquelle elle pesa 2214gr,0. Sa surface paraissait sèche au bout de trois heures, pendant lesquelles elle était restée à la demi-obscurité, dans une chambre où la température était de 19°,5. Alors son poids était devenu sensiblement inférieur à celui de la veille; il était de 2207gr,6, sans doute parce que les trois heures avaient été un peu plus que suffisantes pour l'évaporation de la rosée, et que les feuilles, une fois débarrassées de celle-ci, avaient transpiré quelque peu.

Une observation analogue fut faite le 16-17 septembre 1857.

Enfin, le 17 septembre 1857, à sept heures et demie du soir, la *plante* pesait 2169gr,6; le lendemain matin, à six heures, elle était couverte d'une rosée très abondante, avec laquelle son poids fut de 2176gr,4. Elle fut laissée à la demi-obscurité, dans une chambre où la température était alors de 20 degrés, et à huit heures et demie, avant même que la forte couche d'eau formée par cette rosée se fût entièrement dissipée, elle ne pesait déjà plus que 2169gr,2, ou un peu moins que la veille, à l'entrée de la nuit.

Reine-Marguerite C. — Cette plante avait été réduite par la suppression de ses capitules et de ses pousses axillaires, opérée depuis plus d'une semaine, à une tige simple, à laquelle s'attachaient 21 feuilles de grandeur moyenne.

Le 19 août 1859, à huit heures du soir, elle pesait 2284^{gr},80 ; le lendemain matin, à six heures, elle portait une assez forte rosée, avec laquelle son poids fut de 2286^{gr},35. Elle fut essuyée imparfaitement, après quoi elle ne pesa plus que 2284^{gr},05. Il avait fait un peu de vent pendant les premières heures de la nuit.

Le 23 août 1859, la plante étant restée, pendant le jour, au soleil et sous l'influence d'un vent chaud, était assez flétrie pour que ses feuilles fussent toutes plus ou moins pendantes. Dans cet état, elle pesa 2208^{gr},30, à huit heures du soir. Le lendemain, à cinq heures et demie du matin, elle ne portait qu'une couche légère de rosée, avec laquelle son poids ne fut que de 2208^{gr},45. Néanmoins, ses feuilles s'étaient relevées et elle ne paraissait plus flétrie, ce qui montre qu'elle avait pu trouver dans la terre de quoi réparer ses pertes de la veille. Elle fut essuyée, et aussitôt une nouvelle pesée ne donna plus que 2207^{gr},85. Elle avait donc repris la turgescence de ses tissus sans absorber la moindre quantité de rosée.

Hortensia (Hydrangea Hortensia DC.).

Les deux pieds de cet arbuste que j'ai mis en expérience simultanément, au mois de septembre 1857, étaient des boutures de l'année, hautes de 0^{m},25 à 0^{m},30, qui portaient chacune sept paires de grandes feuilles en parfait état.

Hortensia A. — Le 13 septembre 1857, à sept heures et demie du soir, cet arbuste pesait 2182^{gr},2; le lendemain matin, à six heures et demie, portant une rosée légère, il pesa 2183^{gr},2, et son poids descendit immédiatement à 2181^{gr},2, ses feuilles ayant été essuyées.

Le 14 septembre 1857, à sept heures du soir, son poids était de 2177^{gr},2 ; le lendemain matin, à six heures, il était inondé de rosée ; dans cet état, il pesa 2184^{gr},4. Il fut laissé alors à la demi-obscurité, dans une chambre où la température était de 18°,5. Au bout de trois heures, il n'était pas entièrement débarrassé de son eau superficielle, et cependant il ne pesait déjà plus que 2177gr,6.

Le 15 septembre 1857, à sept heures du soir, cet Hortensia pesait 2208gr,0 ; le lendemain matin, à six heures, il portait une rosée fort abondante, avec laquelle son poids fut de 2215gr,2; trois heures de séjour à la demi-obscurité, dans une chambre dont la température était alors de 19°5, dissipèrent à peu près cette eau et réduisirent le poids de la plante à 2207gr,0.

Le 16 septembre 1857, à huit heures du soir, le poids trouvé était de 2184gr,0 ; le lendemain matin, à six heures, l'arbuste était chargé d'une rosée tellement abondante qu'elle s'était ramassée en petites mares aux points où la lame des feuilles formait des concavités; aussi, pesé avec toute cette eau, accusa-t-il 2191gr,0. Mais, essuyé immédiatement, sans toutefois qu'il fût possible d'enlever tout ce liquide, il descendit à 2183gr,8, c'est-à-dire un peu plus bas que le poids initial.

Le 17 septembre 1857, à sept heures et demie du soir, la plante pesait 2161gr,4; le 18, à six heures du matin, toute couverte d'une rosée très abondante, elle pesa 2168gr,0 ; mais, essuyée avec soin et conservant néanmoins un peu d'humidité, elle descendit immédiatement à 2161gr,4.

Le 22 septembre 1857, à sept heures du soir, elle pesait 2187gr,8; le 23, à six heures du matin, elle portait une légère couche de rosée, dont la présence éleva son poids à 2188gr,6; mais, cette eau ayant été essuyée, une nouvelle pesée ne donna plus que 2187gr,6.

Enfin, le 24 septembre 1857, à huit heures et demie du soir, son poids était de 2211gr,2; le lendemain matin, à six heures et demie, grâce à la présence sur sa surface d'une rosée abondante, son poids s'éleva à 2216gr,2, et il descendit à 2211gr,6 aussitôt que je l'eus essuyé de manière à en enlever à peu près l'humidité.

Hortensia B. — Le 6 septembre 1857, à sept heures et demie du soir, cet arbuste pesait 2213gr,0; il portait une rosée médiocrement abondante, le lendemain matin, à six heures; dans cet état, il pesa 2214gr,4; il suffit alors de l'essuyer pour faire descendre son poids à 2211gr,6.

Le 9 du même mois, à neuf heures du soir, il pesait 2188gr,6 ; pesé de nouveau, le lendemain matin, avec la rosée abondante qui le couvrait entièrement, il accusa 2192gr,4 ; je l'esssuyai alors feuille par feuille, après quoi son poids ne fut plus que de 2187gr,6.

Le 12 septembre 1857, à sept heures et demie du soir, son poids était de 2185gr,0 ; il s'était élevé à 2186gr,4, le lendemain matin, à six heures et demie, avec la rosée médiocrement abondante qui en couvrait les feuilles. A dix heures, après trois heures et demie de séjour dans une chambre où la température était de 17°,5, son eau superficielle ayant déjà disparu depuis quelque temps, il ne pesa plus que 2182gr,4. Cette diminution considérable (2gr,6) relativement au poids de la veille s'explique, soit par la déperdition qui avait pu se faire, au commencement de la nuit, avant le dépôt de la rosée, soit parce que, dans la matinée du 13, les feuilles eurent le temps de transpirer avant la dernière pesée et après que leur eau superficielle se fut évaporée. On peut apprécier approximativement cette dernière cause de déperdition. En effet, au même lieu, l'Hortensia perdit, par transpiration, 6gr,2, de dix heures du matin à sept heures et demie du soir. Donc, si l'on suppose que la rosée avait disparu vers huit heures, on verra que, de huit à dix heures, la transpiration a pu être un peu supérieure à un gramme.

Le 14 septembre 1857, à sept heures du soir, je trouvai à ma plante un poids de 2169gr,8 ; le lendemain matin, à six heures, elle était couverte d'une rosée très abondante avec laquelle elle pesa 2176gr,6 ; elle fut aussitôt essuyée, mais sans qu'il fût possible d'enlever toute l'humidité, et elle descendit ainsi immédiatement à 2170gr,2. Je m'assurai que ce nombre était supérieur au poids réel en laissant la plante environ deux heures, à la demi-obscurité, dans une chambre, à une température de 18°,5 ; pendant ce temps, sa surface acheva de sécher et ensuite son poids descendit à 2168gr,4, c'est-à-dire à 1gr,4 plus bas que le nombre obtenu la veille, à l'entrée de la nuit.

Le 15 septembre 1857, à sept heures du soir, mon Hortensia pesait 2191gr,0 ; le lendemain matin, à six heures, il était inondé de rosée et pesait, ainsi mouillé, 2197gr,8. Je l'essuyai avec soin.

mais, comme toujours, sans pouvoir me flatter d'en avoir enlevé toute l'humidité, et aussitôt je trouvai son poids réduit à 2191gr,2.

Le 16 septembre, à huit heures du soir, la plante pesait 2155gr,0; le lendemain matin, à six heures, couverte d'une rosée fort abondante, elle pesa 2160gr,0. Il fallut la laisser pendant trois heures, dans la partie la plus obscure d'une chambre peu éclairée, où la température était de 20 degrés, pour que toute l'eau qui la mouillait d'abord disparût et alors son poids ne fut plus que de 2154gr,4.

Enfin, le 17 septembre, à sept heures et demie du soir, son poids était de 2133gr,4; la rosée qui la couvrait le lendemain matin était des plus abondantes; avec cette addition, elle pesa, à six heures, 2140gr,4 ; mais ce poids se réduisit à 2134gr,0 aussitôt que j'eus essuyé les feuilles, sans en enlever toute l'humidité.

Fuchsia globosa Lindl.

Pour cette plante j'ai mis comparativement en expérience deux jeunes pieds vigoureux, boutures de l'année, déjà ramifiés et portant beaucoup de feuilles encore assez délicates pour devoir absorber, si cette faculté avait pu leur appartenir. Pour l'un des deux, le pot et par conséquent la terre étaient logés dans un appareil parfaitement fermé; pour l'autre ils étaient à découvert. Je désignerai le premier par A, le second par B.

Le 17 obtobre 1859, à sept heures du soir, le pied A pesait 2004gr,35, tandis que le pied B pesait 1330gr,45; le lendemain matin, à six heures, l'un et l'autre étaient couverts d'une rosée tellement abondante qu'une partie avait coulé le long des rameaux et de la tige. Avec cette eau ils pesèrent : le premier, A, 2009gr,30, le second, B, 1341gr,80. Ces deux sujets furent laissés dans une pièce peu éclairée jusqu'à neuf heures, et alors la rosée ne s'étant pas entièrement évaporée, il fallut essuyer les feuilles pour en enlever le plus possible la portion restante; une nouvelle pesée faite à ce moment accusa 2004gr,30 pour le premier, A, 1336gr,10 pour le second, B, dont on voit ainsi que la terre et le pot avaient pris 5gr,65 d'eau.

FUCHSIA CORDIFOLIA.

J'ai mis en expérience un pied jeune et très vigoureux de cette espèce, dont les feuilles nombreuses étaient comme gaufrées dans l'intervalle des nervures, ce qui ne permettait de les essuyer que fort imparfaitement. Aussi, dans les deux observations que je vais rapporter, dans chacune desquelles la plante s'était chargée pendant la nuit d'une grande quantité d'eau, n'ai-je enlevé en essuyant que les deux tiers ou les trois quarts environ de cette eau. Après avoir été ainsi essuyées, ses feuilles étaient encore toutes luisantes d'humidité, et une circonstance particulière ne m'a pas permis d'appliquer à ce sujet la méthode par évaporation, dont on a déjà vu que j'ai fait souvent usage pour les autres. On s'explique très bien par là que je n'aie pas retrouvé, à la fin de l'expérience, le poids initial.

Le 6 septembre 1860, à huit heures du soir, l'arbuste pesait 2163gr,30; le lendemain matin, à six heures et demie, la rosée qui le couvrait était tellement abondante que, avec ce poids additionnel, il pesa 2172gr,35. Essuyé fort imparfaitement avec des éponges, et sa surface entière restant luisante d'humidité, il ne pesa plus que 2165gr,80. Il conserva ainsi un excès de 2gr,50 sur son poids de la veille; mais évidemment cet excès représentait uniquement le poids de l'eau, en couche continue et des plus apparentes, qui n'avait pu être enlevée.

Le 9 septembre 1860, à huit heures et demie du soir, ce *Fuchsia* pesait 2145gr,25; le lendemain, à six heures et demie du matin, il était chargé d'une forte rosée, avec laquelle il pesa 2151gr,00. Il fut alors simplement épongé, de manière à rester tout luisant d'humidité, et néanmoins son poids se trouva réduit à 2146gr,95. Cet excès de 1gr,70 sur le poids de la veille ne représente certainement que le poids de l'eau qui était restée sur toute la surface de la plante.

PHLOX DECUSSATA Hort.

Le pied de cette plante qui a été l'objet des observations suivantes commençait à fleurir lorsque j'en ai supprimé l'inflorescence. Il est resté alors formé d'une tige simple, sur laquelle s'attachaient 31 feuilles de grandeur moyenne.

Le 19 août 1859, à huit heures du soir, il pesait 2483^{gr},75; le 20, à six heures du matin, portant une rosée assez abondante, il a pesé 2485^{gr},40, et il est tombé à 2483^{gr},05 lorsque je l'ai eu essuyé.

Le 22 août 1859, à huit heures et demie du soir, il pesait 2406^{gr},85; le lendemain matin, à six heures, il portait une rosée plus forte que dans la première observation, avec laquelle il pesait 2409^{gr},15. Essuyé imparfaitement, il descendait immédiatement à 2407^{gr},20, et il suffit de le laisser pendant une heure à la demi-obscurité pour qu'il achevât de perdre toute son eau superficielle et qu'il descendît à 2406^{gr},75.

Le 23 août 1859, à huit heures du soir, il pesait 2391^{gr},20. Il était alors assez fortement flétri et ses feuilles devenues flasques retombaient toutes plus ou moins; le lendemain, à cinq heures et demie du matin, ses feuilles s'étaient relevées, bien qu'elles ne portassent qu'une légère couche de rosée dont la présence n'empêcha pas que le poids ne fût trouvé égal à 2390^{gr},60; cette faible rosée essuyée, la plante ne pesa plus que 2390^{gr},05. Cette observation me semble intéressante, surtout parce qu'elle montre clairement combien on se trompe lorsque, voyant des plantes fanées reprendre leur apparence de fraîcheur pendant la nuit, on attribue cet effet à une absorption locale de rosée. On voit, en effet, que la plante dont il s'agit maintenant est redevenue fraîche pendant une nuit dans laquelle il y a eu peu de rosée, sans gagner en aucune façon et même en perdant 1^{gr},15 de son poids initial. Ce changement d'aspect s'est produit sans doute grâce à la petite quantité d'eau que les racines ont pu puiser autour d'elles, ou par un simple déplacement de la sève, et il a été favorisé par la suppression à peu près complète de la transpiration.

MERCURIALIS ANNUA L.

Cette Mercuriale était un pied femelle que j'avais enlevé en motte, dans la pleine-terre du jardin, pour le mettre en pot, et que je n'ai commencé à faire servir de sujet qu'une quinzaine de jours après l'avoir empoté. J'en ai enlevé d'abord toutes les fructifications, afin qu'elle ne conservât que sa tige rameuse et ses feuilles. Celles-ci avaient été, pour la plupart, percées ou partiellement rongées par des insectes ; j'insiste sur cette circonstance qui aurait semblé devoir favoriser une absorption locale. Je ferai observer que je n'ai jamais pu essuyer les feuilles qu'imparfaitement pour ne pas m'exposer à les détacher, ce qui aurait eu lieu sous un effort tant soit peu énergique, à cause de la faiblesse de leur attache.

Le 6 septembre 1860, à huit heures du soir, cette mercuriale pesait 1848^{gr},90 ; le lendemain matin, à six heures et demie, elle était chargée d'une très forte rosée, avec laquelle elle pesa 1854^{gr},20 ; essuyée imparfaitement, elle descendit immédiatement à 1849^{gr},70, bien qu'elle restât visiblement mouillée.

Le 9 septembre 1860, à huit heures et demie du soir, son poids était de 1836^{gr},35 ; le lendemain matin, à six heures et demie, chargée d'une rosée abondante, elle pesa 1840^{gr},75, et aussitôt, bien que restant visiblement humide sur toute sa surface, après avoir été simplement épongée, elle ne pesa plus que 1837^{gr},40.

PELARGONIUM PELTATUM Ait.

J'ai mis en observation simultanément deux pieds de cette plante, dont l'un, A, avait d'assez faibles proportions et portait 10 feuilles grandes ou moyennes, outre plusieurs petites, tandis que l'autre, B, était notablement plus grand et portait 17 feuilles grandes ou moyennes et plusieurs petites. Ces feuilles charnues ne pouvaient être essuyées qu'imparfaitement à cause du pli longitudinal que formait chacun de leurs lobes, pli qui était d'autant plus profond que la feuille était plus petite ; d'ailleurs, il était impossible d'agir sur elles un peu énergiquement sans les détacher. Pour ce motif, dans les expériences que je vais rapporter, le nombre fourni par la pesée de la plante essuyée n'indique jamais le résultat réel et devrait être diminué du poids de l'eau restée sur la plante, dont elle rendait la surface toute luisante.

Pelargonium peltatum A. — Le 6 septembre 1860, à huit heures du soir, cette plante pesait 2010gr,20 ; le lendemain, à six heures du matin, couverte d'une rosée très abondante, elle pesa 2014gr,85, et elle descendit à 2010gr,85 après avoir été essuyée imparfaitement.

Le 9 du même mois, à huit heures et demie du soir, son poids était de 2005gr,50, et il s'éleva à 2009gr,00 lorsqu'elle fut mise sur la balance le lendemain matin, à six heures et demie, couverte d'une forte rosée ; mais il suffit d'essuyer imparfaitement pour faire tomber ce poids à 2006gr,05.

Pelargonium peltatum B. — Le 9 septembre 1860, à neuf heures du soir, ce pied pesait 2169gr,05 ; le lendemain, à six heures et demie, chargé d'une rosée abondante, il pesa 2175gr,05 ; mais, après que ses feuilles eurent été essuyées assez imparfaitement pour rester luisantes d'humidité, il ne pesa plus que 2169gr,90.

Rochea falcata DC.

Cette espèce était, pour mes observations, un excellent représentant de la catégorie des plantes grasses. Le pied que j'ai mis en expérience était déjà fort, et avait produit d'abord quatre fortes pousses qui avaient été bientôt détachées pour devenir autant de plantes séparées, après quoi il en avait développé cinq autres qui avaient été laissées en place.

La forme et le rapprochement des feuilles extrêmement épaisses de cette plante ne permettaient pas de les essuyer pour en enlever la rosée après la première pesée du matin. J'ai donc dû, dans tous les cas, laisser cette eau superficielle s'évaporer à l'air, dans la chambre fermée et peu éclairée dont il a été fréquemment question à propos de plusieurs expériences rapportées plus haut. Afin de savoir quelle influence pourrait exercer sur le résultat définitif la transpiration s'opérant pendant une partie du temps que je croyais nécessaire pour l'évaporation de la rosée, j'ai déterminé d'abord la déperdition qu'elle pouvait amener, dans ce lieu, pour cette plante. Dans ce but, j'ai laissé mon *Rochea* dans la chambre dont il s'agit, le 9 septembre 1857, depuis huit heures du matin jusqu'à huit heures du soir. Pendant ce temps, la température s'est maintenue dans cet endroit à 20 degrés, en moyenne, c'est-à-dire un peu plus haut que pendant la plupart des expériences suivantes. Dans cet espace de temps, la déperdition a été de 2gr,4, ce qui donne 1/5 de gramme par heure, nombre qu'il faut même considérer comme un maximum.

Le 20 septembre 1857, à huit heures du soir, ce *Rochea* pesait 3201gr,6; le lendemain matin, à six heures et demie, ne portant pas la moindre trace de rosée, il pesait 3200gr,2. Il avait donc perdu 1gr,4 pendant une nuit dans le cours de laquelle les circonstances avaient été favorables à la transpiration. Cette donnée peut avoir de l'intérêt pour l'interprétation de quelques-unes des observations suivantes. Aussi ai-je cru devoir la présenter avant celles-ci.

Le 6 septembre 1857, à sept heures et demie du soir, la plante pesait 3208gr,4 ; le lendemain matin, à six heures, elle était légèrement mouillée sur ses 4 ou 5 grandes feuilles supérieures, et néanmoins, dans cet état, son poids n'était que de 3208gr,6, ou de 1/5 de gramme seulement supérieur au nombre obtenu à l'entrée de la nuit.

Le 12 septembre 1857, à sept heures et demie du soir, son poids était de 3188gr,2; le lendemain matin, à six heures et demie, elle fut pesée mouillée de rosée, et accusa 3190gr,4. Elle fut laissée ensuite dans une chambre peu éclairée, où la température était de 17°,5; au bout de trois heures, elle paraissait débarrassée de l'eau superficielle qui l'avait couverte, et alors une nouvelle pesée donna le nombre 3188gr,2, identique avec celui de la veille.

Le 15 septembre 1857, à sept heures du soir, le poids reconnu était de 3179gr,0; le lendemain matin, à six heures, la plante était couverte d'une rosée très abondante, avec laquelle elle pesa 3184gr,0. Mise à la demi-obscurité d'une chambre où la température était d'environ 19 degrés, elle montrait encore çà et là quelque peu d'humidité au bout de trois heures; cependant son poids n'était plus alors que de 3179gr,4.

Le 16 septembre 1857, à huit heures du soir, cette plante pesait 3172gr,4; le lendemain matin, à six heures, elle portait une rosée des plus abondantes, avec laquelle son poids fut de 3179gr,4. Au bout de trois heures de séjour dans la même chambre, par une température de 20 degrés, elle paraissait sèche et son poids s'était réduit à 3172gr,2.

Le 17 septembre 1857, à sept heures et demie du soir, elle pesait 3168gr,0; le lendemain matin, à six heures, elle était couverte d'une forte couche de rosée; dans cet état, son poids fut de 3174gr,0. Je la laissai, comme de coutume, à la demi-obscurité, dans une chambre où la température était de 20 degrés; malheureusement une circonstance particulière ne me permit pas d'attendre que toute la couche de rosée se fût évaporée; je pesai la plante, peu après huit heures, lorsqu'elle était encore visiblement mouillée, et alors son poids était déjà réduit à 3169gr,4.

Enfin, le 26 septembre 1857, à sept heures et demie du soir, le *Rochea* pesait 3162gr,6; le lendemain matin, à six heures et demie, il était assez fortement mouillé de rosée avec laquelle son poids fut trouvé de 3164gr,0. Après trois heures de séjour à la demi-obscurité d'une chambre, son eau superficielle s'était évaporée, et il ne pesait plus que 3162gr,4.

CHAPITRE VII.

Conclusion et conséquences relativement à l'action de la rosée sur la végétation.

Les expériences que je viens de rapporter sont assez nombreuses, elles ont été faites sur des plantes assez diverses et dans des conditions assez variées, en outre, les résultats en sont assez concordants entre eux, pour que la conclusion à laquelle elles me conduisent me semble parfaitement légitime ; or cette conclusion est que les plantes n'absorbent pas la rosée condensée à leur surface, et dès lors que les idées qui ont eu cours à cet égard, jusqu'à ce jour, sont dépourvues de fondement. La rosée n'exerce donc pas sur la végétation une influence immédiate et directe ; son action sur les végétaux n'en est pas moins importante dans un grand nombre de cas, mais elle a lieu et s'explique autrement qu'on ne l'a toujours pensé.

Le premier effet qu'elle produit sur les végétaux vivants est de supprimer entièrement ou à peu près entièrement pour eux la transpiration, qui, bien que très affaiblie par suite de l'obscurité et de l'abaissement de température amené par la nuit, continuerait cependant, sans elle, de s'opérer dans une certaine mesure. Elle fait donc succéder, sous ce rapport, une période de repos à une période d'activité. Grâce à cette suppression de la déperdition aqueuse, pour peu que les racines trouvent encore d'humidité dans la profondeur du sol, elles en prennent assez pour réparer les pertes qu'avait déterminées la transpiration diurne des feuilles. Parfois même en l'absence de toute absorption par les racines, l'état apparent de la plante peut être notablement modifié par suite d'un simple déplacement des liquides nourriciers, qui, de la tige et de la racine, se portent dans les feuilles fanées, et leur rendent la turgescence de leurs tissus.

Mais c'est surtout par l'intermédiaire du sol que la rosée agit sur la végétation. A cet égard, son action s'exerce de deux manières différentes : 1° la terre, en qualité de corps poreux et hygroscopique, prend dans l'air de l'humidité qu'elle cède ensuite aux racines. Il est à peu près certain que, comme Hales l'avait conclu d'une de ses expériences (la 19e, p. 46, *loc. cit.*), l'humidité que la terre peut ainsi absorber directement est en général insuffisante pour rendre compte, à elle seule, de l'effet total de la rosée ; mais il me semble difficile de contester qu'elle ne soit un élément essentiel de la question. 2° L'eau déposée sur les feuilles, à la suite de la radiation nocturne, ne peut y rester qu'en masse peu considérable ; donc, si elle se condense en grande quantité, elle ne tarde pas à couler, et par suite à tomber sur le sol en une sorte de pluie locale. Même dans nos climats tempérés et dans nos plaines, il est facile de voir la rosée dégoutter des feuilles, ou couler le long des branches et de la tige; mais ce résultat acquiert une bien plus grande importance sur les montagnes et dans les pays chauds. Sur les montagnes, « le sol formé de terre perméable en est continuellement humide, » dit Otto Sendtner, qui avait fait ses observations en Bavière; « sur les hautes montagnes, ajoute cet observateur distingué (*loc. cit.*, p. 281), la rosée est régulière dans ses apparitions et *plus abondante que la pluie.* » Dans les pays chauds, l'eau dégoutte continuellement des arbres, « au point qu'il *pleut abondamment* dans les forêts, » dit M. Boussingault dans le passage que j'ai déjà cité plus haut. Ce second effet me semble être d'un haut intérêt pour les végétaux.

Au reste, on s'exagère certainement la quantité d'eau qui s'arrête sur les feuilles des plantes lorsqu'elles sont mouillées, autant qu'elles puissent l'être par la rosée, c'est-à-dire lorsqu'elles gardent à leur surface toute la quantité d'eau qui peut y rester sans couler et tomber sur le sol. Un exemple ne sera pas inutile pour éclairer à ce sujet.

Celui des deux *Hortensia* mentionnés plus haut, que j'ai désigné par A, portait quatorze grandes feuilles, dont l'étendue était au moins d'un décimètre carré par face, comme je m'en suis assuré en les mesurant. Je suis donc plutôt au-dessous qu'au-dessus de la vérité en évaluant à 28 décimètres carrés toute la surface foliaire de cet arbuste. Après la nuit du 14 au 15 septembre 1857, ainsi qu'après celle du 15 au 16 et celle du 16 au 17 suivants, la rosée qui couvrait cet *Hortensia* était en telle abondance qu'elle s'était ramassée en petites mares sur tous les points où elle avait trouvé une légère concavité; cependant cette couche liquide tout entière n'a pesé que 7^{gr},2 dans les deux premiers cas, 7 grammes dans le dernier; elle n'avait donc que 7 centimètres cubes de volume. On voit dès lors que chaque feuille avait, pour sa part 1/2 centimètre cube d'eau étendue sur 2 décimètres carrés de surface!.... Cette faible quantité de liquide, qui suffit pour couvrir entièrement les deux faces d'une feuille, de manière même à y former la couche la plus forte que celle-ci puisse conserver, explique très bien la pluie de rosée que reçoit le sol toutes les fois que la condensation de l'humidité atmosphérique s'opère avec énergie.

En dernière analyse, les parties des végétaux qui se trouvent hors de terre *ne sucent* pas la rosée qui les couvre, contrairement à ce que disait Hales, et à ce que tout le monde a pensé avant comme après lui; mais cette eau déposée à leur surface par l'effet de la radiation nocturne supprime ou à peu près en elles la transpiration, donne même, dans les cas où la production en est considérable, une sorte de pluie locale qui peut devenir abondante; enfin la terre absorbant pour sa part l'humidité de l'air, ajoute son action aux deux premières au profit des végétaux. Telles sont les conséquences définitives que je crois être autorisé à tirer de tout ce qui précède.

DEUXIÈME PARTIE.

DES BROUILLARDS.

Il est assez difficile de recueillir, dans nos climats et loin des montagnes, des observations concluantes sur la manière dont les plantes se comportent relativement aux brouillards qui les enveloppent. Il faut, en effet, que l'action de ces derniers s'exerce pendant assez longtemps pour qu'il soit possible d'en tirer une conclusion légitime; il est donc nécessaire, sous ce premier rapport, que le brouillard se maintienne pendant un assez long espace de temps. Il faut, d'un autre côté, que le brouillard soit assez dense et assez humide pour déposer bientôt une couche d'humidité sur les plantes; sans cela, la transpiration continuant à se faire, quoique affaiblie, intervient dans le résultat de l'expérience qu'elle altère notablement. Or, sous le climat de Paris, les brouillards satisfaisant à ces deux conditions ne se montrent guère que pendant l'automne, et ne sont même pas fréquents à cette époque. Pour ce motif, je n'ai pu faire qu'un petit nombre d'observations à ce sujet. J'ose espérer cependant qu'on trouvera que celles que je vais rapporter autorisent la conclusion que je crois devoir en tirer, conclusion que mes expériences sur la rosée peuvent faire pressentir, peuvent même justifier à priori.

Les appareils dont j'ai fait usage, la méthode que j'ai suivie, sont absolument les mêmes que dans mes recherches sur la rosée; il est donc inutile de présenter ici de nouveau des détails qui ont été déjà donnés, dans la première partie de ce travail, avec les développements convenables. Il ne me reste dès lors qu'à exposer les résultats des expériences que j'ai faites pour m'éclairer à ce sujet.

1° Le 28 septembre 1857, à sept heures du soir, un pied de *Veronica Lindleyana* que je désignerai par A, muni d'un appareil hermétiquement fermé autour de son pot, pesait 1730gr,6. Dès cet instant, il fut enveloppé par un brouillard qui, devenant de plus en plus épais, l'avait mouillé, le lendemain matin, autant qu'aurait pu le faire une forte rosée. Ainsi mouillé, le 29, à sept heures du matin, il pesa 1733gr,2. Immédiatement après cette pesée, il fut essuyé feuille par feuille, et cette opération réduisit immédiatement son poids à 1730gr,8, nombre à peu près identique avec celui de la veille, bien que la plante n'eût pu être complétement débarrassée de toute l'eau dont le brouillard l'avait couverte.

2° Dans les mêmes circonstances et aux mêmes moments, un autre pied de la même Véronique, ayant également son pot enfermé, pesa, le 28 septembre 1857, à sept heures du soir, 1529gr,6. Le lendemain 29, ayant été mis sur la balance tout couvert d'eau déposée par le brouillard, il pesa 1532gr,8 ; après quoi, il suffit d'en essuyer les feuilles avec soin, l'une après l'autre, pour voir le poids de la plante descendre immédiatement à 1529gr,4.

3° Le même jour et à la même heure, profitant de l'occasion qui s'offrait, je soumis à l'action du brouillard deux jeunes pieds d'*Hortensia*, ayant leur pot exactement enfermé, que je distinguerai en les désignant l'un par A, l'autre par B.

Le pied A pesait, le 28 septembre 1857, à sept heures du soir, 2206gr,2. Le 29, à sept heures du matin, tout mouillé par le brouillard, il avait élevé son poids à 2211gr,2, et il descendit à

2206gr,4, aussitôt que ses feuilles eurent été essuyées, conservant nécessairement encore un peu d'humidité.

Le pied B avait un poids de 2070gr,0, le même jour, 28 septembre, à sept heures du soir. Le 29, à sept heures du matin, le brouillard avait déposé assez d'eau sur ses feuilles, pour que, avec ce poids additionnel, il pesât 2074gr,0 ; mais alors il suffit de l'essuyer soigneusement pour ramener son poids à 2070gr,0.

La température minimum de la nuit pendant laquelle ont été faites les quatre observations précédentes, a été de + 10° c.

4° Le 22 octobre 1858, dès le matin, il régnait un brouillard épais et froid. A neuf heures, la température était seulement de + 6°,8. Le brouillard conserva sa densité jusque vers deux heures; il devint alors moins épais et persista dans cet état jusqu'au soir, même pendant une partie de la nuit suivante. Vers le matin du 23, il augmenta et devint très dense, mouillant alors tous les corps avec lesquels il était en contact. Pendant cette nuit du 22 au 23 octobre, le minimum de température fut de + 6°,7. Le brouillard se maintint à peu près également pendant toute la journée du 23, et persista, tout en diminuant un peu de densité, pendant toute la nuit suivante et une partie de la matinée du 24, après laquelle il se dissipa pour se montrer de nouveau pendant la nuit du 24 au 25, et disparaître enfin dans la matinée du 25. Or, voici les résultats que me donnèrent pendant ce temps, c'est-à-dire du 22 au 25, deux jeunes pieds de *Veronica Lindleyana* de dimensions peu différentes, ayant chacun le pot enfermé dans une enceinte parfaitement close, qui furent mis en observation comparativement.

Le premier, que je désignerai par A, pesait 1729gr,90, le 22 octobre, à onze heures et demie du matin. Le soir, à cinq heures et demie, ses feuilles n'étaient pas visiblement mouillées, bien qu'il fût resté enveloppé par le brouillard, et il pesait seulement 1727gr,50. Il avait donc perdu, par l'effet de la transpiration, 2gr,40, malgré le brouillard qui à la vérité ne l'avait pas couvert d'une couche d'eau. Le 23, à sept heures et demie du matin, il était fortement mouillé par l'effet du brouillard, et chargé de cette eau additionnelle, il pesa 1728gr,00. En l'essuyant sans en sécher complétement la surface, je le vis descendre sur-le-champ à 1727gr,60. Le soir du même jour, 23, à cinq heures et demie, sa surface n'était pas visiblement mouillée, bien que le brouillard eût été épais pendant toute la journée, et son poids était descendu, par l'effet de la transpiration, à 1725gr,00. Le lendemain matin, 24, à sept heures, il ne présentait qu'une buée sur la plupart de ses feuilles, aussi ne pesait-il que 1724gr,75, et descendit-il même à 1723gr,30, aussitôt qu'il eut été essuyé.

Quant à la Véronique B, elle pesait 1983gr,40, le 22 octobre 1858, à onze heures et demie du matin, et le soir du même jour, n'ayant pas été mouillée par le brouillard dans lequel elle était restée plongée, elle ne pesait plus que 1981gr,00. Le matin du 23, à sept heures et demie, sa surface entière était mouillée, et avec cette couche d'eau elle pesa 1983gr,60. Mais cette couche superficielle ayant été aussitôt enlevée, la plante ne pesa plus que 1980gr,75. Le même jour, 23, le brouillard, tout épais qu'il était, ne la mouilla point; aussi, à cinq heures et demie du soir, le poids de l'arbuste était-il descendu à 1977gr,15. Il avait même baissé jusqu'à 1976gr,85, le lendemain matin, 24, à sept heures, bien que la plupart de ses feuilles portassent alors une légère buée. Le même jour, 24 octobre, à neuf heures du soir, il ne pesait que 1769gr,75, cette journée ayant été couverte, mais sans brouillard. Le lendemain, 25, à sept heures et demie, il était fortement mouillé d'eau déposée par le brouillard de la nuit; chargé de cette humidité superficielle, il pesa 1972gr,25, mais il suffit de l'essuyer avec soin pour faire descendre immédiatement son poids à 1969gr,30.

Comme on le voit, dans les diverses observations dont je viens de présenter le détail, jamais le brouillard, en se condensant à la surface des plantes, même en couche d'eau comparable au revêtement aqueux dont les couvre une forte rosée, n'a augmenté leur poids d'une quantité appréciable. Les feuilles et les divers organes flottant dans l'air se sont, par conséquent, comportés relativement à cette eau déposée à leur surface absolument comme j'ai montré qu'ils le font avec celle dont les couvre la rosée. Sans doute, on ne concevrait guère que les choses eussent lieu de deux manières différentes pour l'un et pour l'autre de ces phénomènes; mais il importait de montrer par des expériences positives, qu'il en est bien réellement de même dans les deux cas.

Dans les circonstances où le brouillard n'a pas mouillé les plantes, la transpiration des feuilles n'a été qu'amoindrie et non supprimée, particulièrement pendant le jour; mais la suppression de ce phénomène a été complète ou à peu près lorsque le dépôt d'eau par le brouillard a revêtu ces organes d'une couche complète d'humidité.

Ces faits établis, je crois pouvoir dire que les brouillards, dans les circonstances dans lesquelles nous les offrent nos contrées, n'exercent sur la végétation qu'une influence secondaire, puisqu'ils ne fournissent rien aux plantes et diminuent seulement ou au plus suppriment momentanément pour elles la déperdition. Il est cependant à peu près certain que leur rôle devient beaucoup plus important dans certaines localités, particulièrement dans la zone d'altitude moyenne, sur les montagnes intertropicales, dans laquelle abondent les plantes épiphytes et dans laquelle aussi règne, surtout par cette cause, une extrême humidité; mais les observations précises paraissent manquer à cet égard, et les récits des voyageurs, tout en rendant ce fait extrêmement probable, n'en donnent pas la démonstration rigoureuse qu'il serait permis de désirer.

Paris. — Imprimerie de L. MARTINET, rue Mignon, 2.

www.ingramcontent.com/pod-product-compliance
Ingram Content Group UK Ltd.
Pitfield, Milton Keynes, MK11 3LW, UK
UKHW021027180726
13838UKWH00004B/1658